© by StudyHelp GmbH, Paderborn

1. Auflage

www.studyhelp.de

Druck: Media Print Informationstechnologie GmbH

ISBN: 978-3-981-80130-9

Inhaltsverzeichnis

Inhaltsverzeichnis

1 Grundlagen

Kleine Übersicht

Rechenoperationen	Parameter	Potenzen
$+ \quad - \quad \cdot \quad :$	$a, b, x \ldots$	$a \cdot a \cdot a = a^3$

Zahlen

Natürliche Zahlen $\mathbb{N} = \{1,2,3 \ldots\}$

Ganze Zahlen $\mathbb{Z} = \{\ldots -2, -1, 0, 1, 2 \ldots\}$

Reelle Zahlen $\mathbb{R}$ - alle Zahlen!

Rationale Zahlen $\mathbb{Q}$ - alle Bruchzahlen!

Brüche

a) $\dfrac{3}{4} + \dfrac{2}{3} = \dfrac{3}{4} \cdot \dfrac{3}{3} + \dfrac{2}{3} \cdot \dfrac{4}{4} = \dfrac{9}{12} + \dfrac{8}{12} = \dfrac{17}{12}$

Auf einen Nenner bringen! clever erweitern

b) $\dfrac{3}{4} \cdot \dfrac{2}{3} = \dfrac{3 \cdot 2}{4 \cdot 3} = \dfrac{6}{12} = \dfrac{1 \cdot 6}{2 \cdot 6} = \dfrac{1}{2}$

Ausdrücke zusammenfassen

a) $a + a + a = 3a$

b) $x^3 + x^4 \rightarrow$ kann nicht weiter zusammengefasst werden

Klammern ausmultiplizieren/Ausklammern

a) $2 \cdot (x - 3) = 2 \cdot x - 2 \cdot 3 = 2x - 6$

b) $(x - 4) \cdot (x + 2) = x^2 + 2x - 4x - 8$
$$= x^2 - 2x - 8$$

Binomische Formeln

1. $(a + b)^2 = a^2 + 2ab + b^2$

2. $(a - b)^2 = a^2 - 2ab + b^2$

3. $(a + b) \cdot (a - b) = a^2 - b^2$

Potenzen und Potenzgesetze

Erfahrungen besagen, dass ca. 50 % aller Versagensfälle von Klausuren oft auf mangelnde Kenntnisse der Potenzgesetze zurückzuführen sind. Dieses Thema ist also außerordentlich wichtig, da wir mit Hilfe dieser Kenntnisse verschiedenste Ausdrücke umschreiben und gegebenenfalls vereinfachen können.

Ausgangspunkt:

Basis   Exponent
$$x^n = x \cdot x \cdot \ldots \cdot x$$
Potenz n-Faktoren

Die wichtigsten Regeln: $e^{-3t} \cdot e^{-2t} = e^{-3t+(-2t)} = e^{-5t}$

1. $x^m \cdot x^n = x^{m+n}$ 4. $x^{-n} = \dfrac{1}{x^n}$

2. $x^n \cdot y^n = (xy)^n$ 5. $x^{\frac{n}{m}} = \sqrt[m]{x^n}$

3. $(x^n)^m = x^{n \cdot m}$

Zusätzlich sind diese „Regeln" hilfreich, die sich aus den oberen Regeln ableiten lassen:

$$x^{\frac{1}{m}} = \sqrt[m]{x}, \quad x^0 = 1, \quad \frac{x^m}{x^n} = x^{m-n},$$

$$\frac{x^p}{y^p} = \left(\frac{x}{y}\right)^p, \quad \sqrt[n]{x} \cdot \sqrt[n]{y} = \sqrt[n]{xy}, \quad \sqrt[m]{\sqrt[n]{x}} = \sqrt[m \cdot n]{x}$$

Diese Zusammenhänge müsst ihr nicht auswendig können, aber ihr solltet sie aus den drei Potenzgesetzen ableiten können. Hier noch weitere Beispiele zum Umschreiben, die euch das Leben in der Klausur erleichtern werden:

$$\frac{1}{x} = x^{-1}, \quad \frac{1}{x^2} = x^{-2}, \quad \frac{1}{x^3} = x^{-3} \quad \frac{4}{x^5} = 4x^{-5}, \quad \frac{7}{3x^3} = \frac{7}{3}x^{-3},$$

$$\frac{70}{3x^{10}} = \frac{70}{3}x^{-10}, \quad \sqrt[3]{x} = x^{\frac{1}{3}}, \quad \sqrt{x} = \sqrt[2]{x} = x^{\frac{1}{2}} \quad \sqrt[4]{x^3} = x^{\frac{3}{4}}, \quad \sqrt[7]{x^5} = x^{\frac{5}{7}}, \quad \sqrt[8]{x^3} = x^{\frac{3}{8}}$$

Kombination der Techniken:

Bei dem Ausdruck $\frac{20}{\sqrt[3]{x}}$ sollte zunächst die Wurzel in $\frac{20}{x^{\frac{1}{3}}}$ umgeschrieben werden. Dann können wir den Nenner von *unten nach oben* holen: $20x^{-\frac{1}{3}}$. Warum sollte man das überhaupt machen? So lässt sich meist einfacher Rechnen, z.B. wenn man diesen Ausdruck ableiten oder integrieren muss.

Häufige Stolperfallen:

$$\frac{x}{2} = \frac{1}{2}x, \quad \frac{x}{3} = \frac{1}{3}x, \quad \frac{x^3}{7} = \frac{1}{7}x^3$$

$$\frac{x}{a} = \frac{1}{a}x, \quad \frac{3x}{a} = \frac{3}{a}x, \quad \frac{x^3}{a} = \frac{1}{a}x^3$$

$$\sqrt{x} = x^{0,5} = x^{\frac{1}{2}}$$

$$(x^{\frac{1}{2}}) = \frac{1}{2} \cdot x^{\frac{1}{2}-1} = \frac{1}{2} \cdot x^{-\frac{1}{2}} = \frac{1}{2} \cdot \frac{1}{x^{1/2}}$$

$$= \frac{1}{2\sqrt{x}}$$

2 Funktionen

2.1 Übersicht

Lineare Funktion

Die allgemeine Form für eine lineare Funktion lautet:

$$y = m \cdot x + b \quad \text{mit} \quad m = \frac{y_2 - y_1}{x_2 - x_1}$$

Um die Steigung m zu bestimmen brauchen wir zwei Punkte $P_1(x_1|y_1)$ und $P_2(x_2|y_2)$.

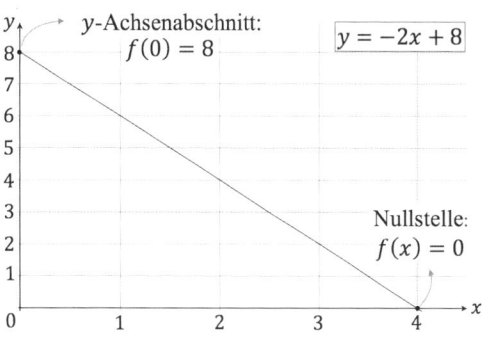

Quadratische Funktion

Die allgemeine Form für eine quadratische Funktion lautet:

$$y = ax^2 + bx + c$$

Die einfachste quadratische Funktion ist die Normalparabel mit $y = x^2$. Der höchste oder tiefste Punkt einer quadratischen Funktion wird auch Scheitelpunkt S genannt. Die Scheitelpunktform lautet:

$$y = a \cdot (x - \boldsymbol{d})^2 + e \quad \text{mit} \quad S(\boldsymbol{d}|e)$$

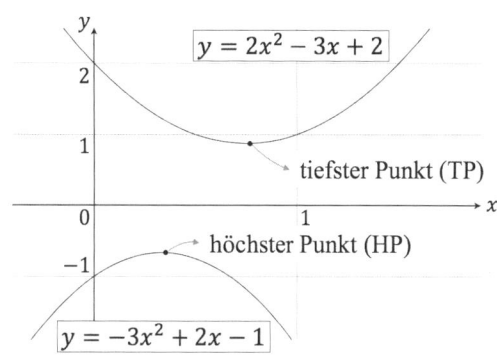

Polynomfunktion

Die allgemeine Form für eine Polynomfunktion (auch ganzrationale Funktion genannt) lautet beim

3. Grad: $\quad y = ax^3 + bx^2 + cx + d$

4. Grad: $\quad y = ax^4 + bx^3 + cx^2 + dx + e$

$\qquad$ usw.

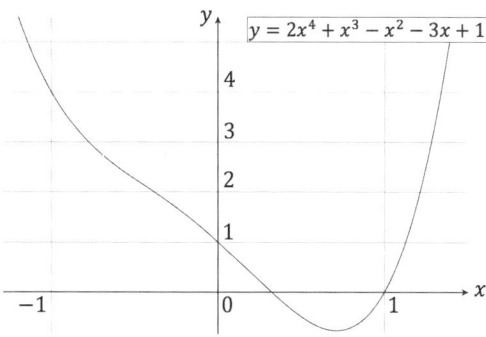

3

Wurzelfunktion

Die allgemeine Form für eine Wurzelfunktion lautet:

$$f(x) = \sqrt[n]{x}, \quad x \in [0, \infty)$$

mit n als Wurzelexponent. Eigenschaften:

- einzige Nullstelle bei $x = 0$

- je größer n, desto flacher verläuft der Graph ab $x = 1$

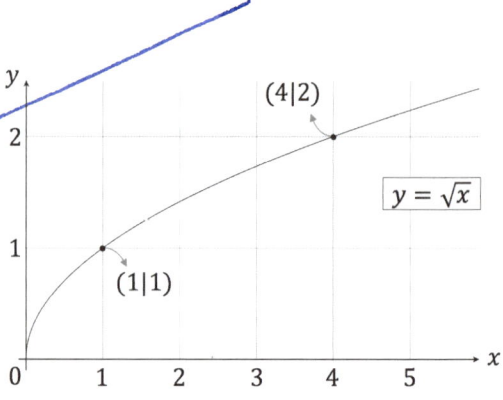

Betragsfunktion

In der Mathematik ordnet die Betragsfunktion einer reellen Zahl ihren Abstand zur Null zu. Der sog. absolute Betrag, Absolutwert oder auch schlicht Betrag, ist immer eine nichtnegative Zahl, also größer oder gleich Null. Schreibweisen: $f(x) = |x|$ oder $f(x) = abs(x)$.
Für eine beliebige reelle Zahl x gilt:

$$|x| = \begin{cases} x & , \ x \geq 0 \\ -x & , \ x < 0 \end{cases}.$$

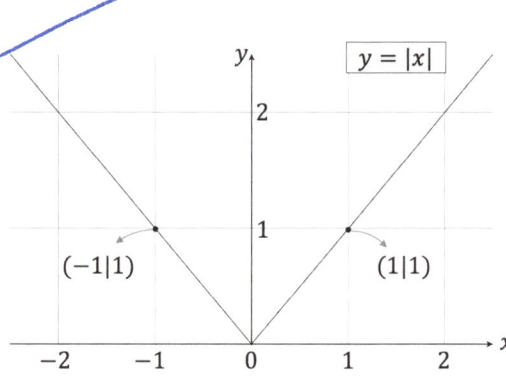

Exponentialfunktion

Eine Funktion heißt Exponentialfunktion (zur Basis b), wenn sie die Form

$$f(x) = b^x, \quad x \in \mathbb{R}$$

aufweist, wobei b eine beliebige positive Konstante bezeichnet. Falls $b = e$ ist, spricht man im Allgemeinen von "der" e-Funktion. Es handelt sich hierbei um die eulersche Zahl $e \approx 2,72$ - eine ganz normale irrationale Zahl wie z.B. die Kreiszahl π.

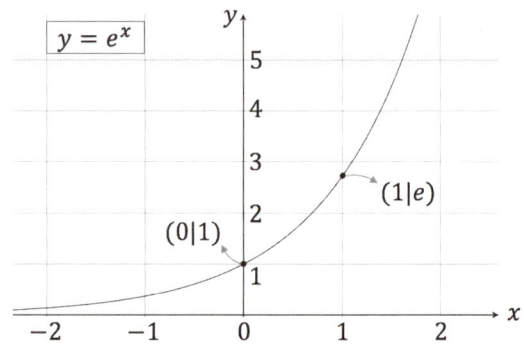

Die Form der Exponentialfunktion erinnert uns an einen Potenzausdruck, wobei die Rolle von Basis und Exponent vertauscht wird! Zur Vereinfachung bei Funktionsuntersuchungen lässt sich jede Exponentialfunktion mit der Form $f(x) = b^x$ als

e-Funktion darstellen. Es gilt:

$$b^x = e^{\ln(b) \cdot x}$$

Für den Fall das $b = e$ ist, gilt als Folge der Potenzgesetze für die e-Funktion:

$$e^0 = 1, \quad e^1 = e, \quad e^x \cdot e^y = e^{x+y}$$

Logarithmusfunktion

Eine Funktion heißt Logarithmusfunktion (zur Basis a), wenn sie allgemein die Form

$$f(x) = \log_a(x), \ x \in (0, \infty)$$

aufweist, wobei a eine beliebige positive Konstante bezeichnet.

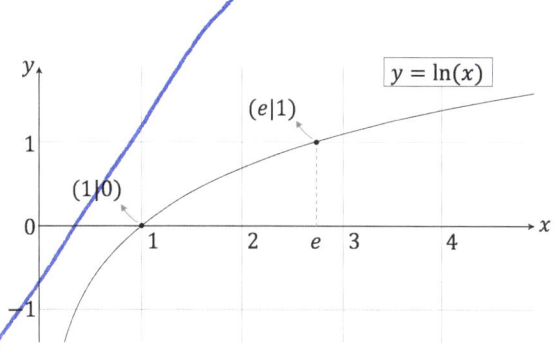

In den speziellen Fällen $a = e$ und $a = 10$ spricht man von

- $f(x) = \ln(x)$, als „natürlichen Logarithmus" und

- $f(x) = \log(x)$, als „dekadischen Logarithmus".

In der Regel rechnen wir aber mit dem natürlichen Logarithmus. Falls aber mal der Fall auftreten sollte, dass kein natürlicher Logarithmus vorliegt, kann dieser mit einfachen Mitteln wie folgt umgeschrieben werden:

$$log_a(x) = \frac{\ln(x)}{\ln(a)}$$

Ein weiterer nützlicher Zusammenhang ist

$$e^{\ln(x)} = x \ \text{ bzw. } \ \ln(e^x) = x,$$

der im Bereich „Lösen von Gleichungen" äußerst wichtig ist.

Logarithmengesetze

$$\ln(ab) = \ln(a) + \ln(b)$$
$$\ln\left(\frac{a}{b}\right) = \ln(a) - \ln(b)$$
$$\ln(a^b) = b \cdot \ln(a)$$

Umkehrfunktion von e - Funktion

LK

2.2 Manipulation von Grundfunktionen

Auch Graphentransformation genannt. Idee: Aus dem Graphen einer gegebenen Funktion $f(x)$ mit dem Definitionsbereich D und dem Wertebereich W sollen die Graphen „neuer" Funktionen $g(x)$ mit dem Definitionsbereich D_g und dem Wertebereich W_g durch einfache Operationen gewonnen werden.

Hier ist eine Übersichtstabelle, die die Manipulationen an Funktionen und die Wirkung auf den Graphen, den Definitionsbereich und den Wertebereich beschreibt. „Wirkung" soll heißen: Bildet man den Term $g(x)$ wie beschrieben, so entsteht der Graph von g aus dem Graphen von f durch...

$g(x) =$	$D_g =$	$W_g =$	Wirkung auf den Graphen
$f(x-a), a \in \mathbb{R}$	$D_f + a$	W_f	Verschiebung horizontal um $+a$
$f(x)+a, a \in \mathbb{R}$	D_f	$W_f + a$	Verschiebung vertikal um $+a$
$f(c \cdot x), c > 0$	$\frac{1}{c} \cdot D_f$	W_f	$c > 1$: Stauchung $0 < c < 1$: Streckung
$c \cdot f(x), c > 0$	D_f	$c \cdot W_f$	$c > 1$: Streckung $0 < c < 1$: Stauchung
$f(-x)$	$-D_f$	W_f	Spiegelung an y-Achse
$-f(x)$	D_f	$-W_f$	Spiegelung an x-Achse

Anhand dieser Tabelle lassen sich einige Regelmäßigkeiten erkennen:

- Änderung innerhalb der Funktion, z.B. $f(x-a) \stackrel{\wedge}{=}$ Horizontale Manipulation
  - Definitionsbereich ändert sich
  - Wertebereich bleibt gleich

- Änderung außerhalb der Funktion, z.B. $f(x)+a \stackrel{\wedge}{=}$ Vertikale Manipulation
  - Definitionsbereich bleibt gleich
  - Wertebereich ändert sich

Im Folgenden werden wir die am häufigsten vorkommenden Manipulationen bzw. Transformationen anhand eines Beispiels vorstellen. Als Ausgangsfunktion dient die Normalparabel

$$f(x) = x^2, \quad x \in \mathbb{R}.$$

1) ist f gespiegelt zur y-Achse
→ sym. zur y-Achse
→ nur gerade Potenz

$f(x) = ax^3 + bx^2 + cx + dx$

2) gespiegelt zum Ursprung
→ nur ungerade Potenzen

Verschiebung in x-Richtung

Die Verschiebung in x-Richtung können wir in unserer Funktionsgleichung leicht berücksichtigen. Dazu werfen wir zunächst einen Blick auf die Graphen im folgenden Koordinatensystem.

Der Scheitelpunkt dieser Parabel und alle anderen Punkte wurden ausgehend von der Normalparabel um 2 Einheiten nach rechts verschoben. Wenn wir einen Blick auf die Funktionsgleichung werfen, sehen wir, dass sie wie folgt lautet:

$$g(x) = (x - 2)^2$$

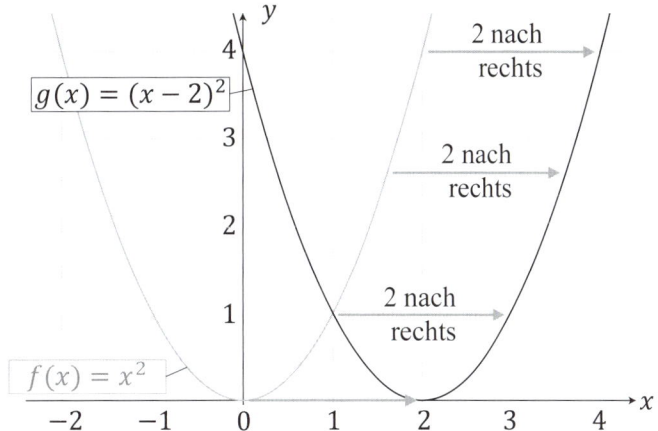

Eine Verschiebung in x-Richtung kann man immer daran erkennen, dass der Wert, um welchen die Funktion verschoben wurde, mit umgekehrten Vorzeichen in der Klammer auftaucht. Dazu wollen wir uns noch eine Parabel angucken, die nach links verschoben werden soll.

Die Funktionsgleichung dieser Parabel lautet:

$$g(x) = (x + 2)^2$$

Die Parabel wurde um 2 Einheiten nach links verschoben. Ganz allgemein können wir also sagen: Die Funktion $f(x - a)$ verschiebt sich um $+a$ entlang der x-Achse.

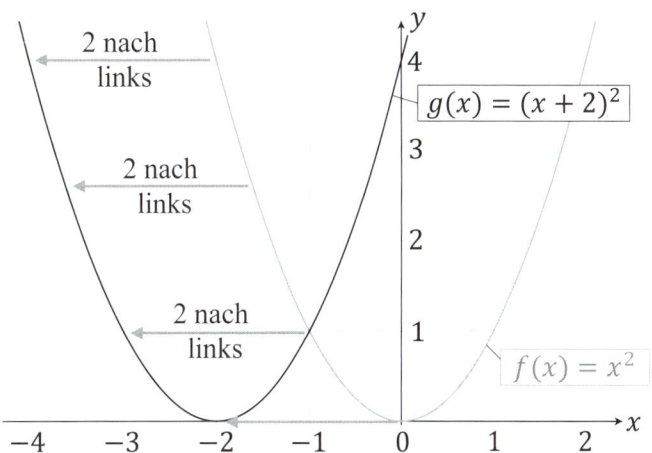

Verschiebung in y-Richtung

Die Verschiebung in y-Richtung erkennen wir daran, dass der Wert, um den die Funktion in y-Richtung verschoben wurde, ohne Klammer mit dem korrekten Vorzeichen angehängt wird.

Ausgehend der Normalparabel betrachten wir die folgenden Funktionen:

$$g(x) = x^2 - 2 \qquad \text{und} \qquad h(x) = x^2 + 2$$

Dazu gucken wir uns das nebenstehende Koordinatensystem an. Das -2 in der Gleichung von $g(x)$ bedeutet, dass die Normalparabel um 2 Einheiten nach unten verschoben wird. Analog folgt durch das $+2$ eine Verschiebung um 2 Einheiten nach oben. Allgemein können wir sagen: Die Funktion $f(x)+a$ verschiebt sich um $+a$ entlang der y-Achse.

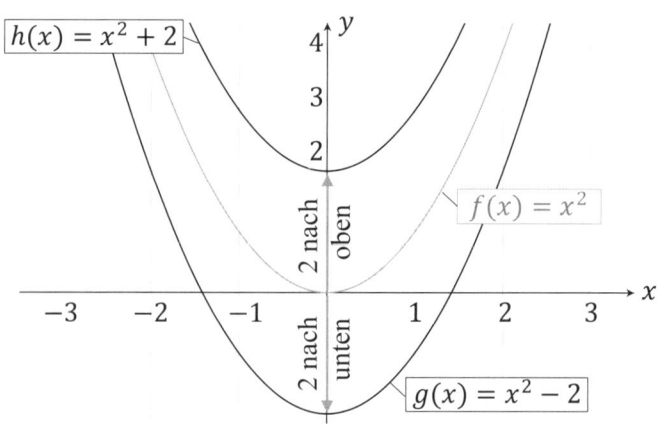

Natürlich ist es auch möglich, sowohl eine Verschiebung in x-Richtung als auch eine Verschiebung in y-Richtung gleichzeitig durchzuführen. Dazu betrachten wir die Parabel in der folgenden Abbildung.

Die Funktionsgleichung lautet:

$$g(x) = (x - 2)^2 - 2$$

In der Klammer erkennen wir die Verschiebung um 2 Einheiten nach rechts und hinter der Klammer erkennen wir die Verschiebung um 2 Einheiten nach unten. Eine Funktionsgleichung in der Form wird Scheitelpunktform genannt.

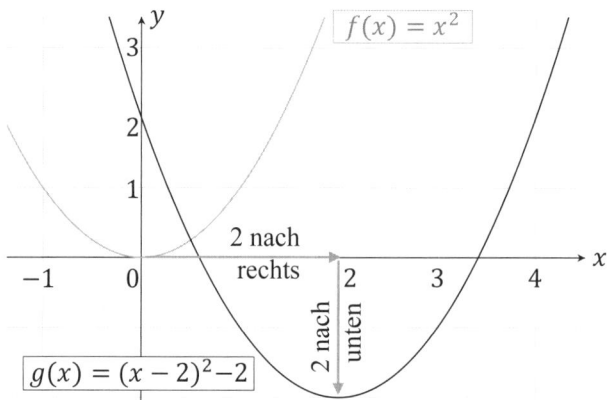

Dadurch ist es direkt möglich die Koordinaten des Scheitelpunktes abzulesen. In unserem Fall also $S(2| - 2)$.

Stauchung und Streckung

Wenn wir eine Funktion strecken oder stauchen wollen, müssen wir die Funktion mit einem Faktor c multiplizieren. In unserem Beispiel mit der Normalparabel wird aus $f(x) = x^2$ dann $g(x) = c \cdot f(x) = c \cdot x^2$. Dabei gilt für den Faktor c, wenn

$$c > 1 \quad \Rightarrow \text{Streckung}$$
$$0 < c < 1 \quad \Rightarrow \text{Stauchung}$$

Der Faktor c gibt also an, ob es sich um eine Streckung oder um eine Stauchung handelt und befindet sich entweder direkt vor dem x^2 oder, falls unsere Funktionsgleichung in der Scheitelpunktform vorliegen sollte, direkt vor der Klammer.

Die Normalparabel x^2 hat den Faktor $c = 1$. Diesen schreiben wir aus Gründen der mathematischen Faulheit aber nicht hin. Die Normalparabel ist also weder gestreckt noch gestaucht.

Eine gestreckte Parabel könnte die Gleichung

$$g(x) = 2 \cdot x^2$$

haben. Da der Vorfaktor c größer als 1 ist, wird die Parabel gestreckt. Der Graph verläuft wesentlich schmaler als die Normalparabel. Jeder y-Wert wird mit dem Faktor $c = 2$ multipliziert.

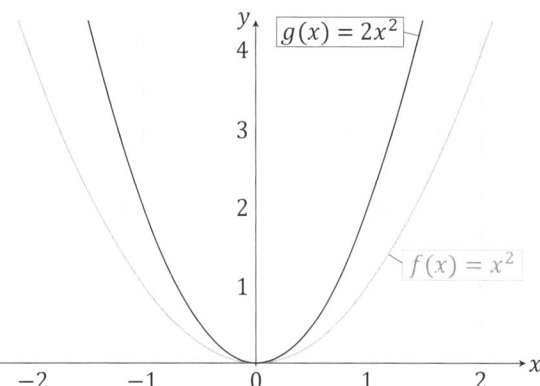

Wenn der Faktor c zwischen 0 und 1 liegt, wird die Funktion gestaucht. Die Funktion

$$g(x) = 0,5 \cdot x^2$$

beschreibt eine gestauchte Normalparabel, welche breiter ist als die Normalparabel $f(x) = x^2$. Jeder y-Wert wird mit dem Faktor $c = 0,5$ multipliziert.

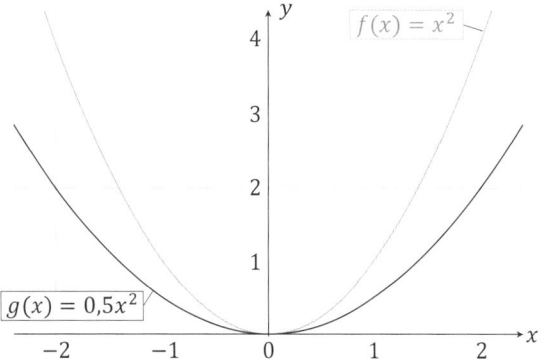

Ganz allgemein können wir sagen: Die Funktion $c \cdot f(x)$ wird gestreckt, wenn $c > 1$ und gestaucht, wenn $0 < c < 1$ ist. Es kann zwischen vertikaler und horizontaler Stauchung bzw. Streckung unterschieden werden. Das was wir gerade kennengelernt haben, war die vertikale Stauchung und Streckung. Die horizontale können wir allgemein wie folgt formulieren: Die Funktion $f(c \cdot x)$ wird gestreckt, wenn $0 < c < 1$ und gestaucht, wenn $c > 1$ ist.

Spiegelung

Wir erkennen eine an der x-Achse gespiegelte Funktion daran, dass ein Minus vor der Funktion steht. In unserem Beispiel lautet die an der x-Achse gespiegelte Normalparabel

$$g(x) = -f(x) = -x^2.$$

Der Graph von g und f ist in der nebenstehenden Abbildung dargestellt. Jeder y-Wert wird mit (-1) multipliziert. Wie bei der Stauchung und Streckung können wir hier eine Unterteilung in eine vertikale und horizontale Spiegelung vornehmen.

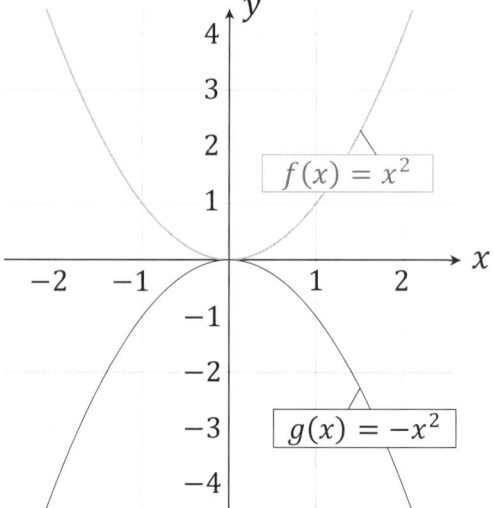

Allerdings ist die horizontale Spiegelung, also die Spiegelung an der y-Achse, hier nur bedingt möglich. Denn die gespiegelte Funktion $g(x) = f(-x) = (-x)^2 = x^2 = f(x)$ ist nichts anderes als die Normalparabel selbst. Warum? Weil das Quadrat aus dem Minus ein Plus macht.

Betrachten wir die Funktion $f(x) = x^3$ und möchten diese an der y-Achse spiegeln, lautet die transformierte Funktion

$$g(x) = f(-x) = (-x)^3 = -x^3$$

Jeder x-Wert wird mit (-1) multipliziert. Da die Funktion punktsymmetrisch ist, ist die horizontale Spiegelung gleich der vertikalen. Allgemein können wir sagen: Die Funktion $-f(x)$ bzw. $f(-x)$ wird an der x- bzw. y-Achse gespiegelt.

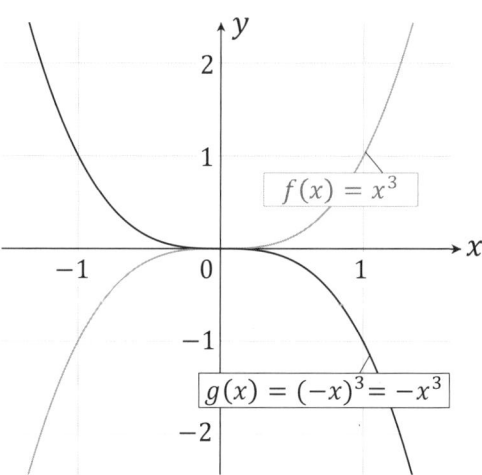

(2.3 Umkehrfunktion) LK

Der Term der Umkehrfunktion ergibt sich durch Vertauschen der x- und y-Werte. Der Graph der Umkehrfunktion ergibt sich durch Spiegelung von f an der Winkelhalbierenden $y = x$.

> **Vorgehen:**
>
> 1. Funktion als $y = f(x)$ umschreiben und schrittweise nach x lösen.
>
> 2. Variablen x und y tauschen.
>
> 3. Umkehrfunktion $f^{-1}(x)$ oder $\bar{f}(x)$ aufschreiben.

Beispiele

1. <u>Lineare Funktion</u>: Bestimme die Umkehrfunktion von $f(x) = 2x + 1$.

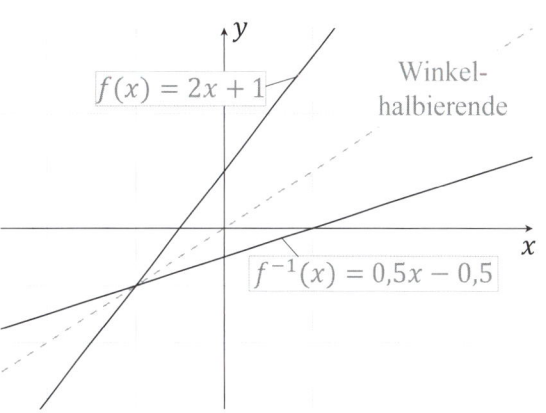

Wir arbeiten das obige Vorgehen ab und lösen die Gleichung nach x auf.

$$
\begin{aligned}
y &= 2x + 1 & | -1 \\
\Leftrightarrow \quad y - 1 &= 2x & | : 2 \\
\Leftrightarrow \quad 0,5y - 0,5 &= x
\end{aligned}
$$

Das Tauschen von x und y zu $y = 0,5x - 0,5$ liefert die Umkehrfunktion

$$f^{-1}(x) = 0,5x - 0,5.$$

2. <u>Quadratische Funktion</u>: Bestimme die Umkehrfunktion von $f(x) = (x + 2)^2$.

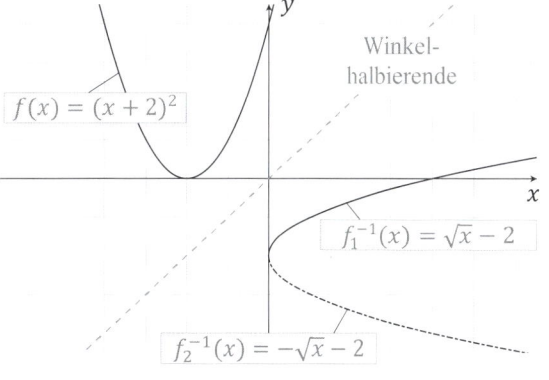

$$
\begin{aligned}
y &= (x + 2)^2 & | \sqrt{} \\
\Leftrightarrow \quad \pm\sqrt{y} &= x + 2 & | -2 \\
\Leftrightarrow \quad \pm\sqrt{y} - 2 &= x
\end{aligned}
$$

Das Tauschen von x und y zu $y = \pm\sqrt{x} - 2$ liefert die Umkehrfunktionen

$$
\begin{aligned}
f_1^{-1}(x) &= \sqrt{x} - 2 \text{ und} \\
f_2^{-1}(x) &= -\sqrt{x} - 2.
\end{aligned}
$$

Bei einer quadratischen Funktion wie zum Beispiel $y = x^2$ tritt ein Problem auf. Hier liegt keine eindeutige Zuordnung vor, denn einem y-Wert sind zwei x-Werte zugeordnet. Es lässt sich dann für einen Teil eine Umkehrfunktion definieren, wie im Beispiel der Normalparabel mit $f_1^{-1}(x) = \sqrt{x}$ für den positiven Teil und $f_2^{-1}(x) = -\sqrt{x}$ für den negativen Teil. **Hinweis**: Nicht jede Funktion hat auch eine entsprechende Umkehrfunktion.

2.4 Was ist in der Funktion gegeben?

In Anwendungsaufgaben müssen wir verstehen, was die Funktion überhaupt beschreibt. Oft geht es dabei um Füllbestände irgendwelcher Stauseen oder Geschwindigkeiten von Flugzeugen. Daher ist es sehr wichtig zu wissen, was z.B. die Ableitung der Geschwindigkeit im Sachzusammenhang bedeutet. Die folgende Übersicht soll euch als Zusammenfassung dienen. Wenn in unserer Funktion für $f(t)$ folgendes angegeben ist, dann ist

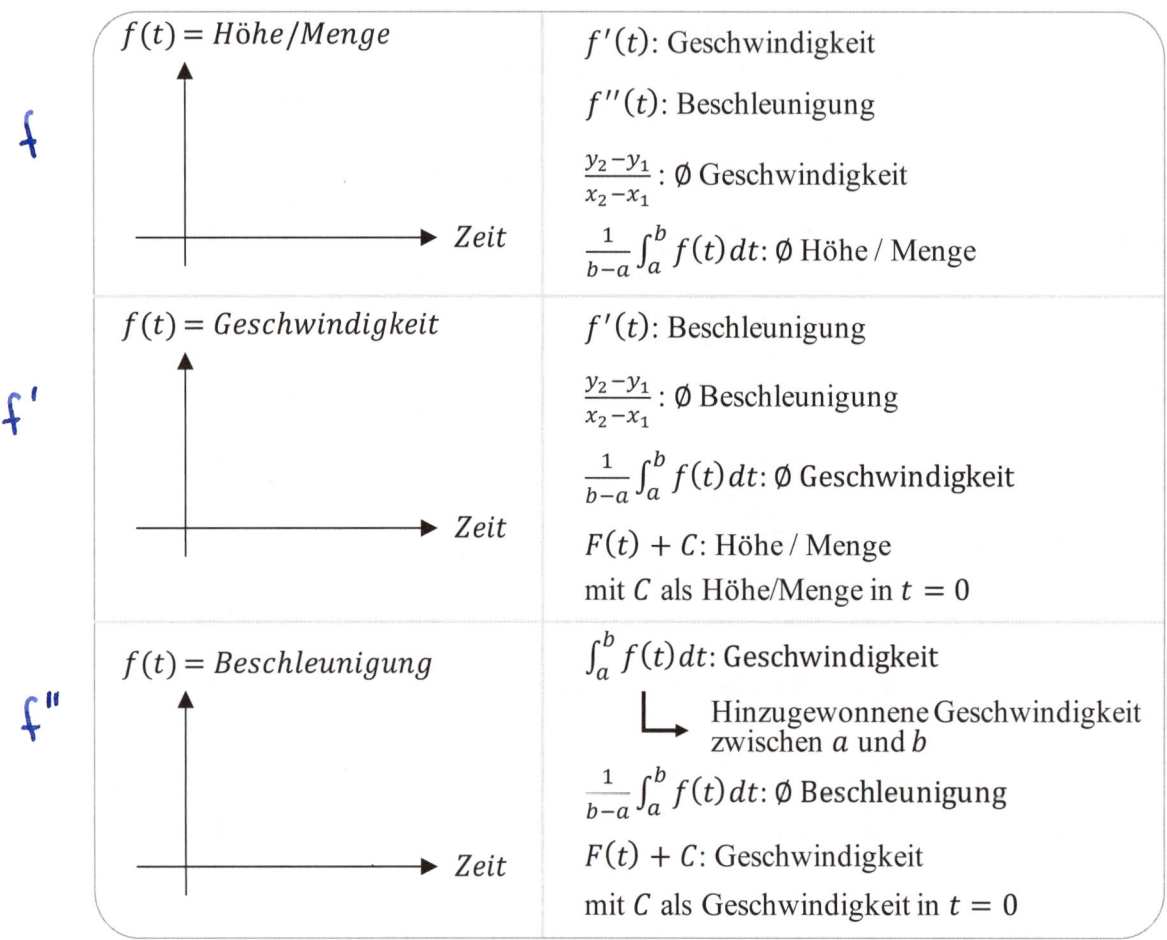

$f(t) = H\ddot{o}he/Menge$	$f'(t)$: Geschwindigkeit
	$f''(t)$: Beschleunigung
	$\frac{y_2-y_1}{x_2-x_1}$: ∅ Geschwindigkeit
	$\frac{1}{b-a}\int_a^b f(t)\,dt$: ∅ Höhe / Menge
$f(t) = Geschwindigkeit$	$f'(t)$: Beschleunigung
	$\frac{y_2-y_1}{x_2-x_1}$: ∅ Beschleunigung
	$\frac{1}{b-a}\int_a^b f(t)\,dt$: ∅ Geschwindigkeit
	$F(t) + C$: Höhe / Menge
	mit C als Höhe/Menge in $t = 0$
$f(t) = Beschleunigung$	$\int_a^b f(t)\,dt$: Geschwindigkeit
	└ Hinzugewonnene Geschwindigkeit zwischen a und b
	$\frac{1}{b-a}\int_a^b f(t)\,dt$: ∅ Beschleunigung
	$F(t) + C$: Geschwindigkeit
	mit C als Geschwindigkeit in $t = 0$

Anmerkung: Das ∅ liest sich z.B. als *durchschnittliche* Geschwindigkeit.

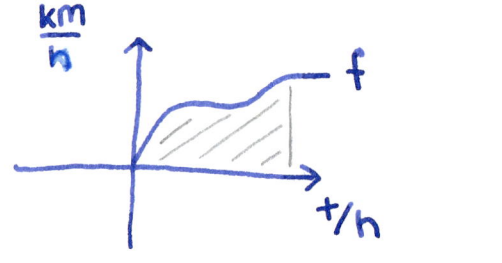

$$\int f\,dt = \left[\frac{km}{h} \cdot h\right] = \left[km\right]$$

Aufleiten Bsp:

$f = x^3 - 14x$

$F = \frac{1}{3+1} \cdot x^{3+1} - \frac{1}{1+1} \cdot 14x^{1+1}$

$\quad = \frac{1}{4}x^4 - \frac{1}{2}14 \cdot x^2$

3 Gleichungen lösen

Zur Bestimmung von x gibt es einige Standardtechniken, die ihr beherrschen solltet.

1. <u>Umformen:</u>

$$
\begin{aligned}
2x - 8 &= 0 \quad | + 8 \\
\Leftrightarrow \quad 2x &= 8 \quad | : 2 \\
\Leftrightarrow \quad x &= 4
\end{aligned}
$$

2. <u>Umformen/Wurzel:</u>

$$
\begin{aligned}
2x^2 - 8 &= 0 \quad | + 8 \\
\Leftrightarrow \quad 2x^2 &= 8 \quad | : 2 \\
\Leftrightarrow \quad x^2 &= 4 \quad | \sqrt{} \\
\Leftrightarrow \quad x_1 &= 2 \ \land \ x_2 = -2
\end{aligned}
$$

Merke: Die Gleichung $x^2 = a$ hat für

- $a > 0$ die <u>beiden</u> Lösungen $x = \pm\sqrt{a}$,

- $a = 0$ die einzige Lösung $x = 0$,

- $a < 0$ <u>keine</u> Lösung, denn es darf keine Wurzel aus einer negativen Zahl gezogen werden! Die Lösungsmenge ist in diesem Fall leer: $\mathbb{L} = \{\}$.

---

3. <u>Ausklammern:</u>

$$
x^3 - \frac{1}{4}x^5 = 0 \quad | \text{ größte gemeinsame } x \text{ ausklammern!}
$$

$$
\Leftrightarrow \quad \underbrace{\underbrace{x^3}_{\text{Faktor}} \cdot \underbrace{\left(1 - \frac{1}{4}x^2\right)}_{\text{Faktor}}}_{\text{Produkt}} = 0
$$

Merke: Ein Produkt (Faktor MAL Faktor) ist Null, wenn einer der beiden Faktoren Null ist. Nach dem Ausklammern bestimmt ihr für den Teil in der Klammer und den Teil außerhalb der Klammer jeweils separat die Nullstellen.

$$
\begin{aligned}
x^3 &= 0 \quad \text{oder} \quad & 1 - \frac{1}{4}x^2 &= 0 \\
x_1 &= 0 \quad & \Leftrightarrow \quad x_2 &= 2 \ \land \ x_3 = -2
\end{aligned}
$$

Hinweis: Dieser Lösungsweg ist nur dann sinnvoll, wenn keine Zahl ohne x vorkommt!

4. *pq*-Formel:

> Um die *pq*-Formel verwenden zu können, müssen quadratische Gleichungen (höchste Potenz ist 2) in die Form
>
> $$x^2 + px + q = 0$$
>
> gebracht werden, so dass beim x^2 kein Vorfaktor mehr steht. Anschließend kann die *pq*-Formel verwendet werden und man erhält die Lösungen
>
> $$x_{1,2} = -\frac{p}{2} \pm \sqrt{\left(\frac{p}{2}\right)^2 - q}.$$

Beispiel:

$$2x^2 - 4x - 16 = 0 \quad | : 2$$
$$\Leftrightarrow \quad x^2 - 2x - 8 = 0 \quad | \ pq\text{-Formel anwenden}$$
$$\Rightarrow \quad x_{1,2} = -\frac{-2}{2} \pm \sqrt{\left(\frac{-2}{2}\right)^2 - (-8)}$$
$$= 1 \pm \sqrt{9}$$
$$\Leftrightarrow \quad x_1 = 4 \ \wedge \ x_2 = -2$$

5. *abc*-Formel:

> Auch Mitternachts-Formel genannt, kann alternativ zur *pq*-Formel verwendet werden. Die quadratische Gleichung
>
> $$ax^2 + bx + c = 0$$
>
> lässt sich direkt lösen. Das Ergebnis lautet
>
> $$x_{1,2} = \frac{-b \pm \sqrt{b^2 - 4ac}}{2a}.$$

Beispiel:

$$2x^2 - 4x - 16 = 0 \quad | : 2$$
$$\Rightarrow \quad x_{1,2} = \frac{-(-4) \pm \sqrt{(-4)^2 - 4 \cdot 2 \cdot (-16)}}{2 \cdot 2}$$
$$= \frac{4 \pm \sqrt{16 + 128}}{4} = \frac{4 \pm 12}{4}$$
$$\Leftrightarrow \quad x_1 = 4 \ \wedge \ x_2 = -2$$

6. <u>Substitution:</u>

Gucken wir uns folgende Gleichung an:

$$x^4 - 2x^2 - 8 = 0$$

Uns fällt sofort auf, dass nur gerade Exponenten auftreten. Um diese Gleichung zu lösen, ersetzen wir x^2 durch z und erhalten wieder eine quadratische Gleichung, die mit der pq-Formel gelöst werden kann. Nach dem Lösen darf aber nicht die Rücksubstitution vergessen werden!

$$x^4 - 2x^2 - 8 = 0 \quad \overset{x^2 = z}{\Longrightarrow} \quad z^2 - 2z - 8 = 0$$

Mit der pq-Formel erhalten wir dann die Lösungen:

$$z_1 = 4 \ \wedge \ z_2 = -2$$

Bei der Rücksubstitution müssen wir, wie der Name schon sagt, wieder zurück ersetzen. Es folgt:

$$z_1 = 4 \quad \overset{z_1 = x_1^2}{\Longrightarrow} \quad x_1^2 = 4 \quad \Leftrightarrow \quad x_1 = 2 \wedge x_2 = -2$$

$$z_2 = -2 \quad \overset{z_2 = x_3^2}{\Longrightarrow} \quad x_3^2 = -2 : \text{Quadratwurzel aus neg. Zahl nicht möglich}$$

7. <u>Polynomdivision:</u>

Falls eine Gleichung vorliegt, die nicht mit den obigen Verfahren gelöst werden kann, muss oft die Polynomdivision verwendet werden - oder der TR! Beispiel:

$$f(x) = 2x^3 - 7x^2 + 10x - 5$$

Der Trick ist eine Nullstelle zu erraten oder sie dem Aufgabentext zu entnehmen. Wir wissen, dass die Nullstelle ein Vielfaches oder ein Teiler des **Absolutgliedes** ist, also von dem Teil der Gleichung, der <u>kein</u> x enthält. Somit erhalten wir die Nullstelle $x_1 = 1$ durch ausprobieren.

$$\text{Probe:} \quad f(1) = 2 \cdot 1^3 - 7 \cdot 1^2 + 10 \cdot 1 - 5 = 0.$$

Kommen wir nun zur Polynomdivision. Das Vorgehen sollte noch aus der Divisionsrechnung in der Grundschule bekannt sein! Die Ausgangsfunktion wird durch $(x - \text{Nullstelle})$ geteilt, also in diesem Fall durch $(x - 1)$.

$$(2x^3 - 7x^2 + 10x - 5) : (x - 1) = ??$$

Schauen wir uns nun die rechte Klammer $(x - 1)$ an. Es muss eine Zahl mit dem x der Klammer multipliziert werden, damit der erste Term der ersten Klammer, hier $2x^3$, herauskommt. In diesem Fall wäre das $2x^2$. Nun wird $2x^2$ mit $(x - 1)$ multipliziert und von der ersten Klammer subtrahiert. Das Ergebnis wird drunter geschrieben und der Vorgang wird solange wiederholt, bis wir zu einem Ergebnis kommen.

$$(2x^3 - 7x^2 + 10x - 5) : (x - 1) = 2x^2 - 5x + 5$$
$$\underline{-(2x^3 - 2x^2)}$$
$$-5x^2 + 10x$$
$$\underline{-(-5x^2 + 5x)}$$
$$5x - 5$$
$$\underline{-(5x - 5)}$$
$$0$$

Das Ergebnis $2x^2 - 5x + 5$ der Polynomdivision kann mit der *pq*-Formel gelöst werden. Beim Aufschreiben der Lösungsmenge darf die geratene Nullstelle nicht vergessen werden. Wenn die Division nicht aufgeht, war die geratene Zahl keine Nullstelle.

LK (8. <u>Newtonverfahren:</u>)

Das Newtonverfahren ist ein Näherungsverfahren zur Bestimmung der Nullstellen. Bei einfachen Termen ist man sicherlich mit den anderen Methoden schneller. Wenn die Funktionen komplexer werden greift man häufig zum Newtonverfahren. Dazu verwendet man folgende Formel.

$$x_{\text{neu}} = x_{\text{start}} - \frac{f(x_n)}{f'(x_n)}$$

Im Genaueren bedeutet es, dass wir einen Startwert x_{start} selbst bestimmen müssen und diesen in die Formel einsetzen, um x_{neu} zu erhalten. Wenn man dieses Verfahren öfter wiederholt, werdet ihr merken, dass sich irgendwann der Wert des Ergebnisses nicht mehr bzw. kaum ändert. Erst dann können wir den Wert als Nullstelle verwenden. Das Newton-Verfahren wollen wir an dem folgenden Beispiel kurz durchspielen. Als willkürlichen Startwert wählen wir $x_{\text{start}} = 18$.

$$x^3 - 15x^2 - 175 = 0$$

x_{start}	$f(x)$	$f'(x)$	$x_{\text{neu}} = x_{\text{start}} - \frac{f(x)}{f'(x)}$
18	797	432	16, 16
16, 16	127, 93	298, 64	15, 73
15, 73	5, 63	270, 40	15, 71

Wie wir sehen ändert sich der x-Wert bereits beim 2. Schritt nicht mehr stark (von 15, 73 auf 15, 71)! Beim nächsten Schritt kann es schon passieren, dass sich nur noch die Nachkommastellen ändern. Wir könnten sagen, dass die Nullstelle ungefähr bei 15, 71 liegt.

Merke: Pro Startwert finden wir nur eine Nullstelle!

Zur Lösung von Gleichungen mit e-Funktionen verwendet man in der Regel ihre Umkehrfunktion, den natürlichen Logarithmus ln. Ein nützlicher Zusammenhang ist

$$e^{\ln(x)} = x \quad \text{bzw.} \quad \ln(e^x) = x.$$

Achtet auf die Logarithmengesetze! Es folgen einige **Beispiele** zum Lösen von Gleichungen mit e-Funktionen:

$$e^{2x} \cdot (x^2 - 2) = 0$$
$$e^{2x} = 0 \nleftarrow \vee \ x^2 - 2 = 0 \quad | + 2$$
$$x^2 = 2 \quad | \sqrt{\ }$$
$$x_1 = \sqrt{2} \ \wedge \ x_2 = -\sqrt{2}$$

Warum bringt $e^{2x} = 0$ keine Lösung? Wenn man beide Seite logarithmiert folgt $\ln(2x) = \ln(0)$. Da der natürliche Logarithmus aber für 0 nicht definiert ist ($\mathbb{D} = (0, \infty)$), gibt es keine Lösung.

$$
\begin{aligned}
a) \quad 8e^{-2x} - 16 &= 0 & &| + 16 \\
\Leftrightarrow \quad 8e^{-2x} &= 16 & &| : 8 \\
\Leftrightarrow \quad e^{-2x} &= 2 & &| \ln \\
\Leftrightarrow \quad \ln(e^{-2x}) &= \ln(2) & & \\
\Leftrightarrow \quad -2x &= \ln(2) & &| : (-2) \\
\Leftrightarrow \quad x &= -\ln(2)/2 & &
\end{aligned}
$$

$$
\begin{aligned}
b) \quad 4e^{3x} - e^{2x} &= 0 & &| + e^{2x} \\
\Leftrightarrow \quad 4e^{3x} &= e^{2x} & &| \ln \\
\Leftrightarrow \quad \ln(4 \cdot e^{3x}) &= \ln(e^{2x}) & & \\
\Leftrightarrow \quad \ln(4) + \ln(e^{3x}) &= 2x & & \\
\Leftrightarrow \quad \ln(4) + 3x &= 2x & &| - 3x \\
\Leftrightarrow \quad -\ln(4) &= x & &
\end{aligned}
$$

Notizen

StudyHelp

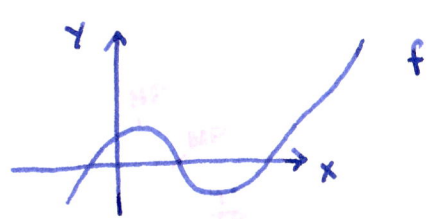

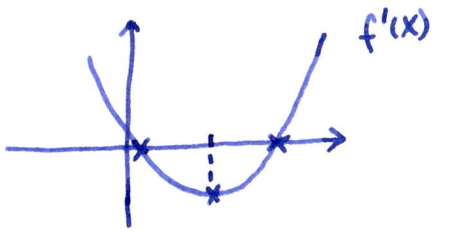

4 Ableiten

In diesem Kapitel werden wir euch die Grundlagen beim Ableiten erklären. Was ihr zunächst wissen solltet: Geometrisch entspricht die Ableitung einer Funktion der Tangentensteigung. Wie man sich das vorstellen kann, sehen wir in der Abbildung. Angenommen die Funktion lautet $f(x) = x^2$, dann lautet die zugehörige erste Ableitung $f'(x) = 2x$, welche die Steigung der Tangente an jeder Stelle x_0 definiert.

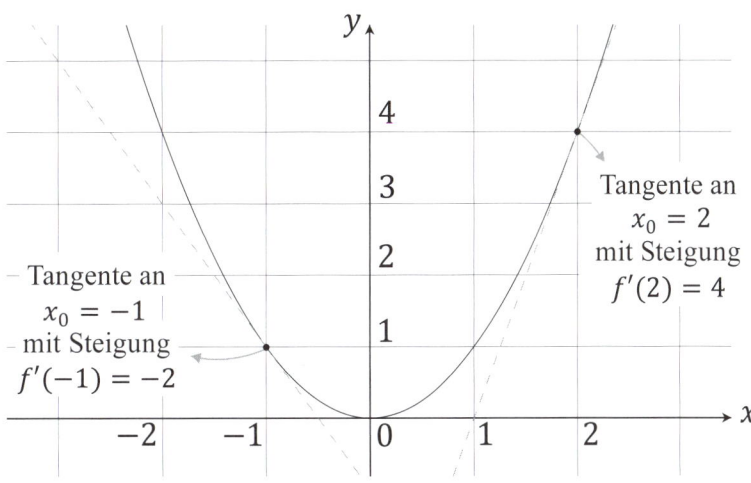

Setzen wir für x Zahlen ein, z.B. $x_0 = 2$, sehen wir, dass die Tangentensteigung an der Stelle 2 gleich $f'(2) = 4$ ist. Wenn wir $x_0 = -1$ einsetzen, erhalten wir mit $f'(-1) = -2$ die Steigung der Tangente an der Stelle -1.

Es gilt (was sich leicht aus der obigen Graphik nachvollziehen lässt):

- liegt x_0 in einem Bereich, in dem die Kurve steigt, gilt $f'(x) > 0$

- liegt x_0 in einem Bereich, in dem die Kurve fällt, gilt $f'(x) < 0$

Wozu brauchen wir die Ableitung? Im Kapitel Kurvendiskussion werden wir sehen, dass die erste Ableitung zum Beispiel ein notwendiges Kriterium zum Vorliegen von Extremwerten ist. Denn wenn die Tangentensteigung an einer Stelle gleich 0 ist, also $f'(x_0) = 0$, wissen wir, dass an der Stelle x_0 (können auch mehrere Stellen sein) ein Hoch- oder Tiefpunkt (oder Sattelpunkt) vorliegt.

Bevor wir uns jetzt die ganzen Ableitungsregeln anschauen, sollen die Zusammenhänge der Ableitungen untereinander verständlich gemacht werden. Wie diese zusammenhängen sehen wir im nachfolgenden Abschnitt.

4.1 Grafisches Ableiten/Aufleiten

Anhand der folgenden Grafik kann man schön sehen, wie $f(x)$, $f'(x)$ und $f''(x)$ miteinander verbunden sind.

N steht hierbei für die Nullstelle, E für Extrempunkt und W für den Wendepunkt.

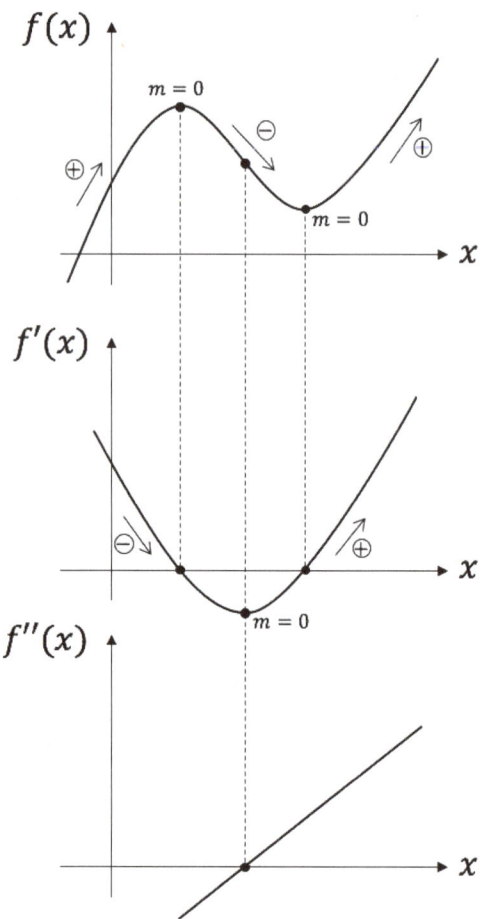

$f(x)$	N	E	**W**		
$f'(x)$		N	**E**	W	
$f''(x)$			**N**	E	W

Was soll uns diese Tabelle sagen? Die Tabelle zeigt zusammenfassend, welche Funktion uns welchen Wert für die jeweilige Ableitung oder Aufleitung liefert.

Gucken wir uns dazu die Abbildung etwas genauer an: Die Nullstelle der 2. Ableitung $f''(x)$ zeigt uns den x-Wert für den Extrempunkt der 1. Ableitung $f'(x)$. Dieser wiederum zeigt uns, wo die Ausgangsfunktion $f(x)$ seinen Wendepunkt hat.

4.2 Ableitungsregeln

Um die Ableitung einer Funktion korrekt zu berechnen, muss man einige Ableitungsregeln kennen. Je nach Aussehen der Funktion kommen dabei eine oder mehrere der nachfolgenden Regeln zum Einsatz. Anschließend gehen wir auf die höheren Ableitungsregeln ein. Hier zunächst die Übersicht der grundlegenden Regeln:

Ableitung einer Konstanten:	$f(x) = C$	$\rightarrow f'(x) = 0$
Ableitung von x :	$f(x) = x$	$\rightarrow f'(x) = 1$
Potenzregel:	$f(x) = x^p$	$\rightarrow f'(x) = px^{p-1}$
!Faktorregel:	$f(x) = c \cdot g(x)$	$\rightarrow f'(x) = c \cdot g'(x)$
Summen-/Differenzregel:	$f(x) = f(x) \pm g(x)$	$\rightarrow f'(x) = f'(x) \pm g'(x)$

Funktion 3.Grades (gibt höchste Potenz an)

→ 2 Extrema

→ 1 WP

Beispiele:

1. zu Ableitung einer Konstanten:

   z.B.: $f(x) = 5 \rightarrow f'(x) = 0$ oder $f(x) = -8 \rightarrow f'(x) = 0$

2. zu Ableitung von x

   z.B.: $f(x) = x + 5 \rightarrow f'(x) = 1$ oder $f(x) = x - 8 \rightarrow f'(x) = 1$

3. zu Potenzregel:

   z.B.: $f(x) = x^3 \rightarrow f'(x) = 3x^2$ oder $f(x) = x^{-5} \rightarrow f'(x) = -5x^{-6}$

4. zu Faktorregel:

   z.B.: $f(x) = 2x^3 \rightarrow f'(x) = 6x^2$ oder $f(x) = -4x^{-4} \rightarrow f'(x) = 16x^{-5}$

5. zu Summen-/Differenzregel:

   z.B.: $f(x) = x^3 + 2x - 5 \rightarrow f'(x) = 3x^2 + 2$

Neben Potenzfunktionen der Form $f(x) = x^p$ haben wir bereits weitere Funktionen kennengelernt, wie die Exponential- und Logarithmusfunktion. Bei diesen beiden Funktionen müssen wir uns die Ableitung einfach merken, denn die Ableitung von $f(x) = e^x$ ist z.B. $f'(x) = e^x$. Die Ableitung entspricht also der e-Funktion selbst. Diese und weitere besondere Ableitungen stehen in der nebenstehenden Tabelle, welche ihr unbedingt können müsst.

$f(x)$	$f'(x)$
e^x	e^x
a^x	$a^x \cdot \ln(a)$
$\ln(x)$	$1/x$
$\sin(x)$	$\cos(x)$
$\cos(x)$	$-\sin(x)$
$\sqrt{x} = x^{1/2}$	$1/(2\sqrt{x})$
$1/x = x^{-1}$	$-x^{-2} = -1/x^2$

4.3 Höhere Ableitungsregeln

Bei verketteten Funktionen oder wenn zwei Funktionen (in denen jeweils ein x vorkommt) miteinander multipliziert werden, müssen höhere Ableitungsregeln beachtet werden.

$$\begin{aligned}
\text{Kettenregel:} \quad & (u(v(x)))' = u'(v(x)) \cdot v'(x) \\
\text{Produktregel:} \quad & (u \cdot v)' = u' \cdot v + u \cdot v' \\
\text{Quotientenregel:} \quad & \left(\frac{u}{v}\right)' = \frac{u' \cdot v - u \cdot v'}{v^2}
\end{aligned}$$

Beispiele

1. zur Kettenregel: $f(x) = (x^3 + 5x)^3$

   mit $u(v) = v^3 \rightarrow u'(v) = 3v^2$ und $v(x) = x^3 + 5x \rightarrow v'(x) = 3x^2 + 5$
   lautet die erste Ableitung:

   $$f'(x) = 3 \cdot (x^3 + 5x)^2 \cdot (3x^2 + 5)$$

   Klammersetzung nicht vergessen bei $v'(x)$!

   > „Regel" für die Ableitung von komplizierteren Potenzausdrücken:
   >
   > $$((etwas)^p)' = p \cdot (etwas)^{p-1} \cdot (etwas)'$$

   Das *etwas* steht für eine beliebige Funktion, wie z.B. $x^3 + 5x$ oder e^x etc.

2. zur Produktregel: $f(x) = \underbrace{(2x^3 - 5)}_{u(x)} \cdot \underbrace{\sqrt{x}}_{v(x)}$

   mit $u(x) = 2x^3 - 5 \rightarrow u'(x) = 6x^2$ und $v(x) = \sqrt{x} \rightarrow v'(x) = \frac{1}{2\sqrt{x}}$ lautet die
   erste Ableitung:

   $$f'(x) = 6x^2 \cdot \sqrt{x} + (2x^3 - 5) \cdot \frac{1}{2\sqrt{x}}$$

   Klammersetzung nicht vergessen bei $u(x)$!

LK (3.) zur Quotientenregel: $f(x) = \frac{x^3 + 2}{x^5}$

   mit $u(x) = x^3 + 2 \rightarrow u'(x) = 3x^2$ und $v(x) = x^5 \rightarrow v'(x) = 5x^4$ lautet
   die erste Ableitung:

   $$f'(x) = \frac{3x^2 \cdot x^5 - (x^3 + 2) \cdot 5x^4}{(x^5)^2} = \frac{3x^7 - 5x^7 - 10x^4}{x^{10}} = \frac{-2x^7 - 10x^4}{x^{10}}$$

   Klammersetzung nicht vergessen bei $u(x)$!

Tipp: Manchmal kann man einen Bruch umformen und benötigt gar nicht die
Quotientenregel! Schreibt den Bruch einfach als Produkt und wendet die Produktregel
an.

4.4 *e*- und ln-**Funktion ableiten**

Eine *e*-Funktion wird folgendermaßen abgeleitet: Ihr verwendet „offiziell" die Kettenregel, aber es geht eigentlich um einiges einfacher. Wir betrachten dafür die Funktion

$$f(x) = e^{5x},$$

welche wir nach x ableiten wollen. Dafür schreiben wir einfach den Term mit der *e*-Funktion nochmal hin und multiplizieren das Ding mit dem abgeleiteten Exponenten. Der Exponent ist hier $5x$ und abgeleitet wäre das einfach 5. Dann folgt für die Ableitung

$$f'(x) = e^{5x} \cdot 5.$$

„Regel" für die Ableitung von *e*-Funktionen:

$$\left(e^{etwas}\right)' = e^{etwas} \cdot (etwas)'$$

Weitere Beispiele stehen in der Tabelle.

Falls eine *e*-Funktion mit anderen Funktionen multipliziert wird, müssen wir die bereits bekannte Produktregel anwenden. Hier ein kleines **Beispiel**:

$$f(x) = \underbrace{(x^2 - 2)}_{u(x)} \cdot \underbrace{e^{-2x}}_{v(x)}$$

mit $\quad u(x) = x^2 - 2 \quad u'(x) = 2x$

und $\quad v(x) = e^{-2x} \quad v'(x) = -2e^{-2x}$

Somit ergibt sich für die erste Ableitung:

$$f'(x) = 2xe^{-2x} + (x^2 - 2) \cdot (-2e^{-2x})$$

$f(x)$	$f'(x)$
e^x	e^x
$2e^x$	$2e^x$
$3e^x$	$3e^x$
e^{2x}	$2e^{2x}$
e^{3x}	$3e^{3x}$
e^{x^2}	$2xe^{x^2}$
e^{2-4x}	$-4e^{2-4x}$
$20e^{3x}$	$3 \cdot 20e^{3x}$
$x \cdot e^{2x}$	Produktregel

Oft ist es hilfreich, die Anteile mit *e* auszuklammern. Gerade wenn dieser Ausdruck gleich 0 gesetzt wird, z.B. um die Extremstellen zu bestimmen. Vereinfacht folgt:

$$\begin{aligned} f'(x) &= e^{-2x}(2x + (x^2 - 2)(-2)) \\ &= e^{-2x}(2x - 2x^2 + 4) \\ &= e^{-2x}(-2x^2 + 2x + 4) \end{aligned}$$

Wird von uns die Ableitung der ln-Funktion verlangt, müssen wir zunächst wissen, dass die Ableitung von $f(x) = \ln(x) \rightarrow f'(x) = 1/x$ ist. Steht statt dem x etwas anderes da, muss die Kettenregel verwenden.

> „Regel" für die Ableitung von ln-Funktionen:
>
> $$(\ln(etwas))' = \frac{1}{etwas} \cdot (etwas)'$$

Beispiel:

$$f(x) = \ln(5x^2 - 3x) \rightarrow f'(x) = \frac{1}{5x^2 - 3x} \cdot (5x^2 - 3x)'$$
$$= \frac{1}{5x^2 - 3x} \cdot (10x - 3)$$

Mit den eingeführten „Regeln" können wir e- und ln-Funktionen leicht ableiten.

5 Sekante, Tangente und Normale

5.1 Sekantengleichung aufstellen

Die *Sekante* schneidet eine Funktion $f(x)$ in zwei Punkten. Im Sachzusammenhang gesehen beschreibt die Steigung der Sekante die durchschnittliche Änderung in einem Bereich, der durch die Schnittpunkte P_1 und P_2 der Geraden mit der Funktion gegeben ist.

Zur Erinnerung:

$$m = \frac{y_2 - y_1}{x_2 - x_1} \quad \text{bzw.}$$

$$m = \frac{f(x_2) - f(x_1)}{x_2 - x_1}$$

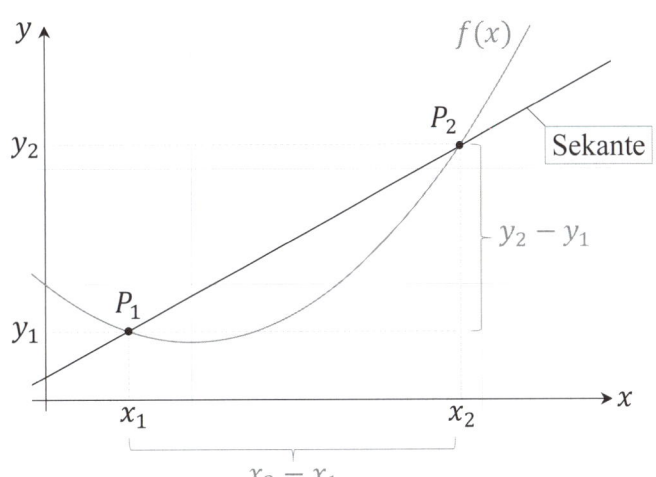

Was ist in der Regel gegeben?

- Funktion, hier $f(x) = 3x^2 + 1$

- zwei Punkte oder zwei x-Werte, hier $P_1(-1|f(-1))$, $P_2(2|f(2))$

Vorgehen:

1. Allgemeine Geradengleichung: $y = mx + b$ - Wir suchen also m und b!

2. Für m: Steigung durch zwei Punkte, also $m = \frac{f(x_2) - f(x_1)}{x_2 - x_1}$

3. Für b: m und einen der beiden Punkte in allgemeine Geradengleichung einsetzen.

Für unser Beispiel wird die Sekantengleichung wie folgt berechnet:

$$y = m \cdot x + b \quad \text{mit} \quad m = \frac{(3 \cdot 2^2 + 1) - (3 \cdot 1^2 + 1)}{2 - (-1)} = \frac{9}{3} = 3 \text{ und } P_2(2|13)$$

$$\Rightarrow \quad 13 = 3 \cdot 2 + b \quad | - 6 \quad \Leftrightarrow \quad b = 7$$

Die gesuchte Sekantengleichung lautet $y - 3x + 7$.

5.2 Tangentengleichung aufstellen

2.

Die *Tangente* berührt eine Funktion $f(x)$ in einem Punkt P_0. Die Steigung der Tangente m_{tan} beschreibt die Steigung in einem beliebigen Punkt x_0. Im Sachzusammenhang gesehen beschreibt die Steigung die momentane Änderung.

Zur Erinnerung:

$$m_{tan} = f'(x_0)$$

Was ist in der Regel gegeben?

- Funktion,
  hier $f(x) = 3x^2 + 1$

- x-Wert,
  hier $P(1/f(1))$

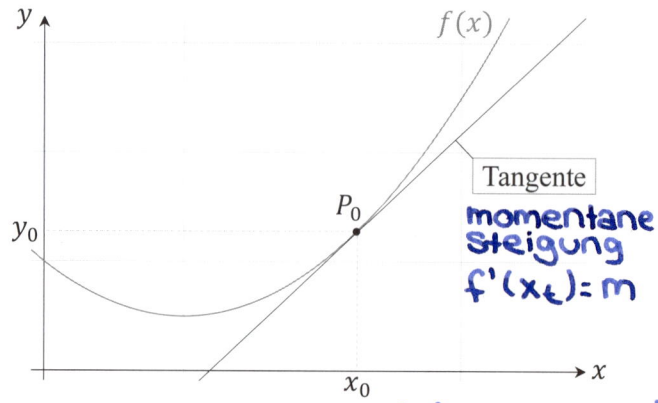

Tangentengleichung $t(x) = y = m \cdot x + b$

$= f'(x_t)$

Vorgehen:

1. Allgemeine Geradengleichung gesucht: $y = m \cdot x + b$
   Wir suchen also m und b!

2. Ableitung $f'(x)$ bestimmen, hier $f'(x) = 6x$

3. für y: x-Wert von P in $f(x)$ einsetzen, hier $y = f(1) = 3 \cdot 1^2 + 1 \Rightarrow y = 4$

4. für m: x-Wert in $f'(x)$ einsetzen, hier $f'(1) = 6 \cdot 1 \Rightarrow m = 6$

5. für b: m, x und y in allgemeine Geradengleichung einsetzen.

Für unser Beispiel folgt:

$$y = m \cdot x + b$$
$$\Leftrightarrow \quad 4 = 6 \cdot 1 + b$$
$$\Leftrightarrow \quad 4 = 6 + b \quad | -6 \quad \Rightarrow \quad b = -2$$

Die gesuchte Tangentengleichung lautet $y = 6x - 2$.

1) Steigung
2) Punkt Ursprungsfunktion
3) gleichung aufstellen

① $f(x_t) = f'(x_t) \cdot x_t + b$

② Punkt: $(x_t \mid f(x_t))$ ↘y

③ $\Rightarrow b = \dfrac{f(x_t)}{f'(x_t) \cdot x_t}$

④ $t(x) = f'(x_t) \cdot x + \left(\dfrac{f(x_t)}{f'(x_t) \cdot x_t}\right)$

5.3 Normale, Senkrechte bzw. Orthogonale aufstellen) LK

Die Ableitung einer Funktion $f(x)$ an einem Punkt P_0 ist gleich der Steigung der Tangente m_{tan} an diesem Punkt. Die Normale verläuft senkrecht (othogonal) zur Tangente an diesem Berührungspunkt. Ihre Steigung ist der negative Kehrwert der Steigung der Tangente.

Wie wir bereits kennengelernt haben, wird die Steigung der Tangente durch

$$m_{tan} = f'(x_0)$$

bestimmt. Die Steigung der Normalen lautet demnach:

$$m_{norm} = -\frac{1}{m_{tan}} = -\frac{1}{f'(x_0)}$$

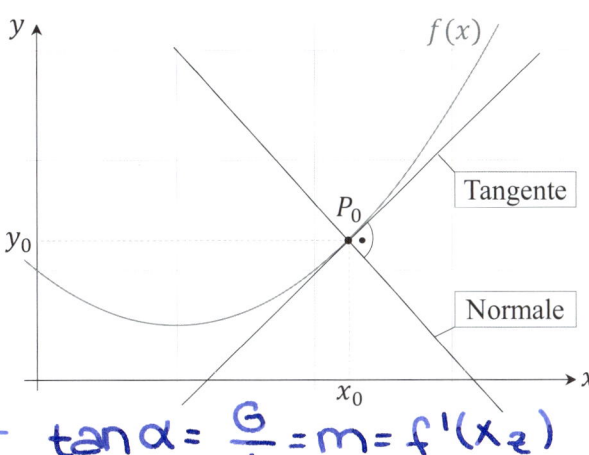

Was ist in der Regel gegeben?

- Funktion, hier $f(x) = 3x^2 + 1$

- x-Wert, hier $P(1|f(1))$

$\tan\alpha = \dfrac{G}{A} = m = f'(x_2)$

Steigungswinkel:

$\alpha = \tan^{-1}(m)$

$\alpha = \tan^{-1}(1) = \frac{1}{4}\tilde{\pi} = 45°$

Vorgehen:

1. Allgemeine Geradengleichung gesucht: $y = m \cdot x + b$

2. Ableitung $f'(x)$ und Steigung der Tangente m_{tan} bestimmen, hier $f'(1) = 6 = m_{tan}$

3. Steigung der Normalen bestimmen, hier $m_{norm} = -1/m_{tan} = -1/6$

4. für b: m_{norm} und $P(1|4)$ in Geradengleichung einsetzen

---

Für unser Beispiel folgt:

$$y = m \cdot x + b$$
$$\Rightarrow \quad 4 = -\frac{1}{6} \cdot 1 + b \quad | + \frac{1}{6} \quad \Rightarrow b = \frac{25}{6}$$

Die gesuchte Normalengleichung lautet $y = -\frac{1}{6}x + \frac{25}{6}$.

Wichtig: Es muss immer $m_{tan} \cdot m_{norm} = -1$ gelten!

Notizen

6 Kurvendiskussion

Übersicht über geometrische Eigenschaften, die bei einer Funktion untersucht werden sollten:

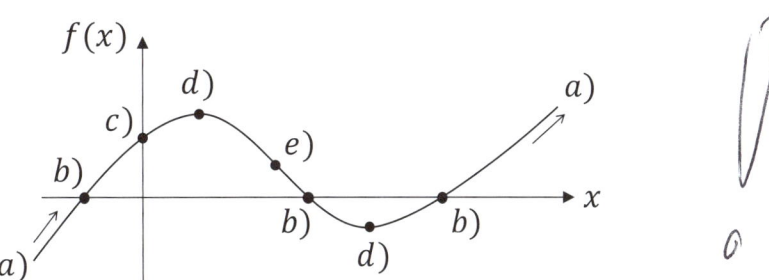

$a)$ Grenzverhalten

$b)$ Nullstellen

$c)$ Schnittpunkt y-Achse

$d)$ Extrempunkte (HP/TP)

$e)$ Wendepunkte (WP)

Zusatz:
- Definitionsbereich
- Wertebereich
- Symmetrie
- Skizze (grob)
- Zeichnung (genau)

6.1 Grenzverhalten (limes)

Beim Grenzverhalten schauen wir uns an, wie sich der Graph einer Funktion im Unendlichen verhält.

- Verhalten für $x \to \pm\infty$

- „Wo kommt der Graph her?" $\Rightarrow \lim\limits_{x \to -\infty}$ „ich schaue links"
  - Tipp: hohe negative Zahl für x in TR einsetzen um Gefühl zu bekommen

- „Wo geht der Graph hin?" $\Rightarrow \lim\limits_{x \to +\infty}$ „ich schaue rechts"
  - Tipp: hohe positive Zahl für x in TR einsetzen um Gefühl zu bekommen

Schauen wir uns einmal folgende Funktion an: $f(x) = a \cdot x^n$. Zur Beurteilung des Verhaltens betrachtet man immer die **höchste Potenz** n von x und ihren Koeffizienten a:

- Wenn n gerade und $a > 0$ ist, so strebt $f(x) \to +\infty$ für $x \to \pm\infty$.

- Wenn n gerade und $a < 0$ ist, so strebt $f(x) \to -\infty$ für $x \to \pm\infty$.

- Wenn n ungerade und $a > 0$ ist, so strebt $f(x) \to +\infty$ für $x \to +\infty$ und $f(x) \to -\infty$ für $x \to -\infty$.

- Wenn n ungerade und $a < 0$ ist, so strebt $f(x) \to -\infty$ für $x \to +\infty$ und $f(x) \to +\infty$ für $x \to -\infty$.

e-Funktion

Exponentialfunktionen und ihre Graphen werden auf dieselbe Weise untersucht wie ganzrationale Funktionen. Nur das Verhalten einer Exponentialfunktion für $x \to +\infty$ und für $x \to -\infty$ wird durch andere Regeln beherrscht.

- Für $x \to +\infty$ strebt $e^x \to +\infty$.

- Für $x \to -\infty$ strebt $e^x \to 0$, d.h. die x-Achse ist die Asymptote des Graphen von f mit $f(x) = e^x$.

Darüber hinaus gilt für $n \geq 1$:

- Für $x \to +\infty$ strebt $x^n \cdot e^x \to +\infty$.

- Für $x \to -\infty$ strebt $x^n \cdot e^x \to 0$, d.h. die x-Achse ist die Asymptote des Graphen von f mit $f(x) = x^n \cdot e^x$.

Beispiel $f(x) = (x^2 - 1)e^{-2x}$

$$\lim_{x \to +\infty} \underbrace{(x^2 - 1)}_{\to +\infty} \cdot \underbrace{e^{-2x}}_{\to 0} \to 0 \quad \text{und} \quad \lim_{x \to -\infty} \underbrace{(x^2 - 1)}_{\to +\infty} \cdot \underbrace{e^{-2x}}_{\to +\infty} \to +\infty$$

Merkt euch: Bei der Betrachtung des Grenzverhaltens orientieren wir uns an der e-Funktion - die am stärksten wachsende Funktion.

Betrachten wir den Graph von $f(x) = (x^2 - 1)e^{-2x}$, bestätigt sich unsere Grenzwertberechnung.

- Lassen wir x gegen $-\infty$ laufen, strebt die Funktion gegen $+\infty$

- Lassen wir x gegen ∞ laufen, strebt die Funktion gegen 0, somit ist die x-Achse Asymptote

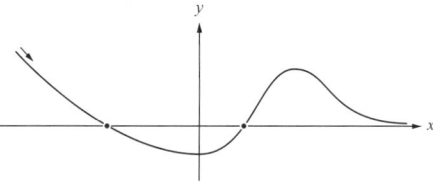

6.2 Symmetrie

Betrachten wir die Symmetrie von ganzrationalen Funktionen. Kommen in der Funktion nur *gerade Exponenten* vor, wie z.B. bei

$$f(x) = x^4 - 2x^2 - 4$$

dann ist die Funktion *achsensymmetrisch* zur y-Achse! Wir können die Achsensymmetrie zur y-Achse auch rechnerisch zeigen. Es gilt

$$f(-x) = f(x)$$
$$(-x)^4 - 2 \cdot (-x)^2 - 4 = x^4 - 2x^2 - 4$$
$$x^4 - 2x^2 - 4 = x^4 - 2x^2 - 4 \quad \checkmark$$

Kommen in der Funktion nur *ungerade Exponenten* vor, wie z.B. bei

$$f(x) = 2x^3 - 4x$$

dann ist die Funktion *punktsymmetrisch* zum Ursprung. Wir können die Punktsymmetrie zum Ursprung auch rechnerisch zeigen. Es gilt

$$f(-x) = -f(x)$$
$$2 \cdot (-x)^3 - 4 \cdot (-x) = -(2x^3 - 4x)$$
$$-2x^3 + 4x = -2x^3 + 4x \quad \checkmark$$

Eine Funktion $f(x)$ ist zu einer zweiten Funktion $g(x)$ achsensymmetrisch bzgl. der x-Achse, wenn gilt: $f(x) = -g(x)$

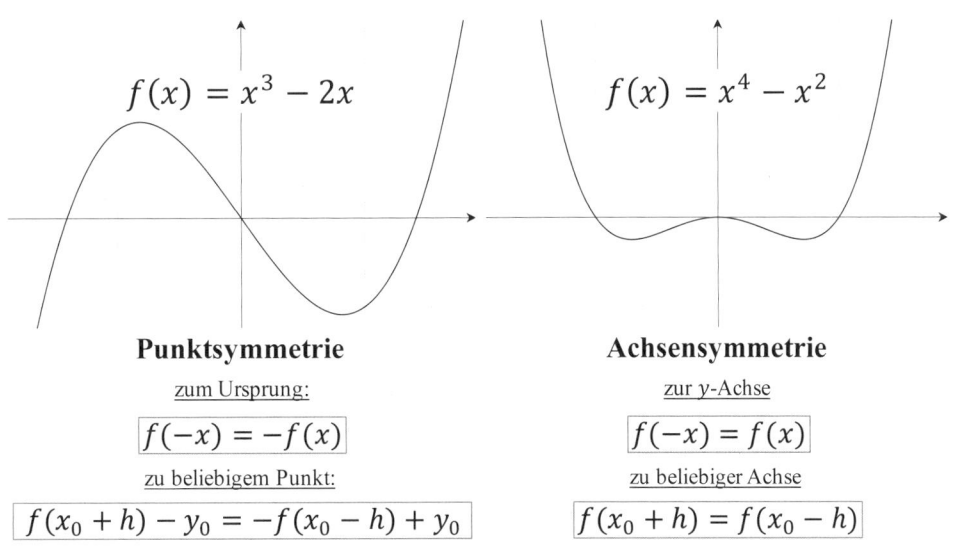

$f(x) = x^3 - 2x$ $\qquad$ $f(x) = x^4 - x^2$

Punktsymmetrie	**Achsensymmetrie**
zum Ursprung:	zur y-Achse
$f(-x) = -f(x)$	$f(-x) = f(x)$
zu beliebigem Punkt:	zu beliebiger Achse
$f(x_0 + h) - y_0 = -f(x_0 - h) + y_0$	$f(x_0 + h) = f(x_0 - h)$

e-Funktion

Ist $f(x) = x^2 \cdot e^{-x^2}$ achsensymmetrisch zur y-Achse? Dann müsste gelten:

$$f(-x) = f(x)$$
$$(-x)^2 \cdot e^{-(-x)^2} = x^2 \cdot e^{-x^2}$$
$$x^2 \cdot e^{-x^2} = x^2 \cdot e^{-x^2} \checkmark$$

Ist $f(x) = -10x \cdot e^{x^2}$ punktsymmetrisch zum Ursprung? Dann müsste gelten:

$$f(-x) = -f(x)$$
$$-10 \cdot (-x) \cdot e^{(-x)^2} = -\left(-10x \cdot e^{x^2}\right)$$
$$10x \cdot e^{x^2} = 10x \cdot e^{x^2} \checkmark$$

6.3 Achsenabschnitte

Hier werden die Achsenabschnitte

- mit der y-Achse untersucht:

  Gegeben sei eine Funktion $f(x) = 2x^2 - 4x - 16$. Für den y-Achsenabschnitt setzen wir $x = 0$ in die Funktion ein

  $$f(x) = 2x^2 - 4x - 16$$
  $$f(0) = 2 \cdot 0^2 - 4 \cdot 0 - 16$$
  $$f(0) = -16$$

  und wir erhalten mit $S_y(0|-16)$ den Schnittpunkt von Funktion und y-Achse. Hinweis: Passt bei Funktionen auf, bei denen 0 nicht im Definitionsbereich ist, denn dort dürfen wir 0 nicht einsetzen, z.B. $f(x) = 1/x$ oder $f(x) = \ln(x)$.

- mit der x-Achse untersucht:

  Der Schnittpunkt mit der x-Achse wird auch *Nullstelle* genannt. Hierfür setzen wir unsere gegebene Funktion $f(x) = 0$. Mit der Funktion von oben folgt für die Nullstellen:

  $$f(x) = 0$$
  $$2x^2 - 4x - 16 = 0 \qquad |:2 \text{ , dann pq-Formel}$$
  $$x_1 = -2 \ \wedge \ x_2 = 4$$

Einschub Intervallschreibweise

Schreibweise	Mengenschreibweise	Typ
$[a, b]$	$\{x \in \mathbb{R} \mid a \leq x \leq b\}$	geschlossen
$[a, b)$	$\{x \in \mathbb{R} \mid a \leq x < b\}$	halb-offen
$(a, b]$	$\{x \in \mathbb{R} \mid a < x \leq b\}$	halb-offen
(a, b)	$\{x \in \mathbb{R} \mid a < x < b\}$	offen

Die Intervallschreibweise ist eine abkürzende Schreibweise und wird oft beim Definitions- und Wertebereich verwendet. Das Intervall gibt an, in welchem Bereich sich unser x befindet. Zum Beispiel können wir $2 \leq x < 4$ abkürzend als $[2; 4)$ schreiben.

6.4 Definitionsbereich

Die Bestimmung des Definitionsbereichs ist sehr wichtig. Auch wenn es in der Aufgabenstellung nicht explizit gefordert ist, sollte man sich immer vergewissern, welche x-Werte man in die Funktion $f(x)$ überhaupt einsetzen darf. Wenn der Definitionsbereich schon vorgegeben ist, müsst ihr diesen verwenden.

> Die 3 Warnschilder bei der Bestimmung des maximalen Definitionsbereiches:
>
> 1. $\frac{1}{\text{etwas}}$ verlangt etwas $\neq 0$
>
> 2. $\sqrt{\text{etwas}}$ verlangt etwas ≥ 0
>
> 3. $\ln(\text{etwas})$ verlangt etwas > 0
>
> Beachte: Der Definitionsbereich D kann sich beim Ableiten verändern!

Beispiel Bestimme den maximalen Definitionsbereich der Funktion $f(x) = \frac{\sqrt{x^2}}{\ln(2-x)}$.

Zufälligerweise kommen in der Funktion Logarithmus, Bruch und Wurzel vor! Alarmglocken gehen an. Alle drei Bedingungen von oben werden geprüft.

$$
\begin{aligned}
1. \quad \tfrac{1}{\text{etwas}} \text{ verlangt etwas} \neq 0 \; \Rightarrow \; \ln(2-x) \; &\neq \; 0 && |e^\wedge \\
\Leftrightarrow \quad 2-x \; &\neq \; e^0 \\
\Leftrightarrow \quad 2-x \; &\neq \; 1 && | + x - 1 \\
\Leftrightarrow \quad x \; &\neq \; 1
\end{aligned}
$$

Wir wissen jetzt schon mal, dass unser x nicht 1 sein darf. Weiter geht es mit Prüfung der Wurzel! Der Radikand (die Zahl unter der Wurzel) darf nie kleiner als Null sein.

$$
2. \quad \sqrt{\text{etwas}} \quad \text{verlangt} \quad \text{etwas} > 0 \; \Rightarrow \; x^2 \geq 0
$$

Egal was wir für x einsetzen, durch das x^2 kommt immer eine Zahl raus, die größer oder gleich 0 ist. Wir dürfen also für x alle Zahlen von - bis + Unendlich einsetzen. Abschließend folgt die Prüfung des Logarithmus.

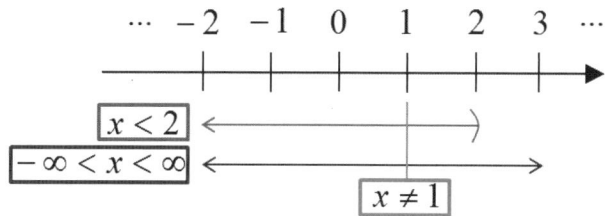

Für den Definitionsbereich von $f(x)$ müssen alle Bedingungen, die geprüft wurden, erfüllt sein. Welche x-Werte erfüllen alle 3 Bedingungen? Am einfachsten kann man sich das am Zahlenstrahl klar machen.

Der maximale Definitionsbereich für die Funktion $f(x)$ lautet demnach

$$D_f = \underbrace{(-\infty, 1) \cup (1, 2)}_{\text{Intervallschreibweise}} = \{x \in \mathbb{R} | x < 1 \vee 1 < x < 2\}.$$

6.5 Wertebereich

Der Wertebereich W ist die Menge von y-Werten, die du erhältst, wenn du jedes mögliche x in die Funktion $f(x)$ einsetzt. Anders gesagt: Alles was für y rauskommen kann! Betrachten wir den Wertebereich des nebenstehenden Graphen:

$$W = [-8; \infty)$$

Hierbei ist -8 der niedrigste y-Wert, der erreicht wird.

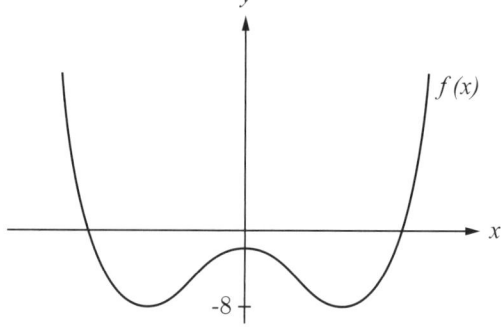

Nach oben gibt es jedoch keine Begrenzung. Es kann jeder positive y-Wert angenommen werden! Nach dem Wertebereich wird selten bis nie gefragt. Wichtig ist bei Anwendungsaufgaben den Blick für *Höhen/Tiefen* zu haben!

6.6 Extrempunkte

Vorgehen:

1. Notwendige Bedingung: $f'(x) = 0 \Rightarrow$ wir erhalten potentielle Extremstellen, die wir mit x_E bezeichnen!

2. Hinreichende Bedingung: $f'(x_E) = 0$ und $f''(x_E) \neq 0$

   Für $f''(x_E)$ kann folgendes rauskommen:
   - $f''(x_E) < 0$ Hochpunkt (HP)
   - $f''(x_E) = 0$ Sattelpunkt (SP), für SP muss zudem $f'''(x_E) \neq 0$ sein!
   - $f''(x_E) > 0$ Tiefpunkt (TP)

3. y-Wert der Extremstelle: x_E-Wert in $f(x)$ einsetzen $\Rightarrow E(x_E / f(x_E))$

Achtung: Es muss zwischen lokalen und globalen (oder absoluten) Extremstellen unterschieden werden! Stichwort: *Randwerte* = Grenzen des Definitionsbereiches! Randwerte in $f(x)$ einsetzen und das, was rauskommt mit dem y-Wert vom Extrempunkt vergleichen! In der Abbildung sieht man, dass der höchste Punkt bei $x = 30$ liegt und nicht beim errechneten Hochpunkt!

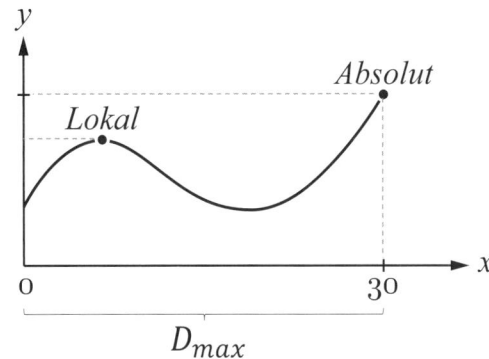

Merkt euch: Bei vorgegebenem Intervall immer die Randwerte mit überprüfen!

Beispiel Untersuche die Funktion $f(x) = \frac{2}{3}x^3 + 3x^2 + 4x$ mit $D = \mathbb{R}$ auf Extremstellen.

1. Erste Ableitung bilden und gleich Null setzen: $f'(x) = 2x^2 + 6x + 4 = 0$ liefert die möglichen Extremstellen $x_1 = -2$ und $x_2 = -1$.

2. Zweite Ableitung bilden und Extremstellen einsetzen: $f''(x) = 4x + 6$

$$f''(-2) = -2 < 0 \Rightarrow \text{Hochpunkt an der Stelle} \quad x = -2$$
$$f''(-1) = 2 > 0 \Rightarrow \text{Tiefpunkt an der Stelle} \quad x = -1$$

3. y-Wert des Hoch- und Tiefpunktes berechnen:

$$y = f(-2) = -\frac{4}{3} \quad \text{und} \quad y = f(-1) = -\frac{5}{3}$$

Die Funktion $f(x)$ besitzt einen Hochpunkt bei $(-2| -4/3)$ und einen Tiefpunkt bei $(-1| -5/3)$.

6.7 Wendepunkte

Vorgehen:

1. Notwendige Bedingung: $f''(x) = 0 \Rightarrow$ wir erhalten potentielle Wendestellen, die wir mit x_W bezeichnen!

2. Hinreichende Bedingung: $f''(x_W) = 0$ und $f'''(x_W) \neq 0$

   Für $f'''(x_W)$ kann folgendes rauskommen:

   - $f'''(x_W) < 0$ Links-rechts-Wendestelle
   - $f'''(x_W) > 0$ Rechts-links-Wendestelle

3. y-Wert der Wendestelle: x_W-Wert in $f(x)$ einsetzen $\Rightarrow W(x_W/f(x_W))$

Graphisch betrachtet handelt es sich bei einem Wendepunkt um einen Punkt, an dem der Funktionsgraph sein Krümmungsverhalten ändert und die größte Steigung hat. Er wechselt an dieser Stelle entweder von einer Rechts- in eine Linkskurve oder umgekehrt. Hinweise, wann man den Wendepunkt berechnen soll sind, wenn

- nach der *stärksten Zunahme* vom Graph

- nach der *stärksten Abnahme* vom Graph

gefragt ist.

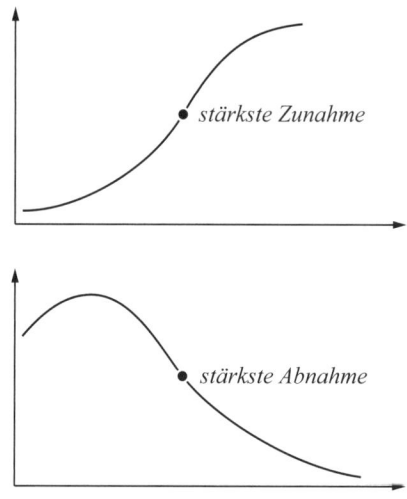

Schaut euch unbedingt den Abschnitt „Was ist in der Funktion gegeben?" an. Wenn $f(x)$ schon die Geschwindigkeit angibt und nach der stärksten Zunahmegeschwindigkeit gefragt wird, dann benötigt man den Hochpunkt! Wenn $f(x)$ die Höhe beschreibt und nach der stärksten Zunahme gefragt wird, benötigt man den Wendepunkt.

Auch hier wieder der Hinweis mit den Randwerten! Hier sollten bei einem vorgegeben Intervall in die 1. Ableitung Randwerte und x-Wert von WEP eingesetzt werden, wenn nach der größten Steigung des Graphen gefragt ist. Das, was jeweils raus kommt (die Änderung/Zunahme bei positivem Wert oder Abnahme bei negativem Wert) mit den errechneten Wendestellen vergleichen.

Beispiel Untersuche die Funktion $f(x) = \frac{2}{3}x^3 + 3x^2 + 4x$ mit $D = \mathbb{R}$ auf Wendestellen.

1. Zweite Ableitung bilden und gleich Null setzen: $f''(x) = 4x + 6 = 0$ liefert die mögliche Wendestelle $x = -1,5$.

2. Dritte Ableitung bilden und Wendestellen einsetzen: $f'''(x) = 4 \neq 0$. Da in der dritten Ableitung kein x vorkommt, sind wir hier fertig, denn die dritte Ableitung ist immer ungleich Null! Es liegt ein Rechts-links Wendepunkt vor.

3. y-Wert des Wendepunktes berechnen: $y = f(-1,5) = -1,5$.

Die Funktion $f(x)$ besitzt einen Wendepunkt bei $(-1,5 | -1,5)$.

(6.8 Monotonie) LK   = Steigungsverhalten

Zur Beurteilung des Monotonieverhaltens (Steigungsverhaltens) einer Funktion $f(x)$ kann die Ableitung $f'(x)$ betrachtet werden. Bekanntlich liefert die erste Ableitung einer Funktion $f(x)$ die Steigungsfunktion $f'(x)$, welche an jeder Stelle x beschreibt, ob der Graph gerade steigt ($\nearrow$) oder fällt ($\searrow$). Damit lässt sich der *Monotoniesatz* wie folgt formulieren:

$$f'(x) \geq 0 \quad \Rightarrow \quad f(x) \text{ ist monoton wachsend/steigend}$$
$$f'(x) \leq 0 \quad \Rightarrow \quad f(x) \text{ ist monoton fallend}$$

$$f'(x) > 0 \quad \Rightarrow \quad f(x) \text{ ist streng monoton wachsend/steigend}$$
$$f'(x) < 0 \quad \Rightarrow \quad f(x) \text{ ist streng monoton fallend}$$

Streng monoton bedeutet hierbei, dass die Steigungsfunktion $f'(x)$ an keiner Stelle x den Wert 0 annimmt!

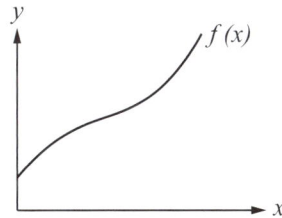

Abb. 6.1: Streng monoton steigend

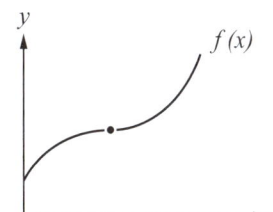

Abb. 6.2: Monoton steigend

Das Ganze soll euch anhand des folgenden **Beispiels** klar werden. Die Funktion

$$f(x) = \frac{1}{9}x^3 - \frac{1}{3}x^2 - \frac{8}{3}x + \frac{26}{9}$$

soll mit Hilfe der ersten Ableitung auf ihr Monotonieverhalten untersucht werden.

Vorgehen:

1. Ableitung $f'(x)$ bilden.

2. $f'(x) = 0$ setzen und Nullstellen der Ableitungsfunktion bestimmen, hier: $x = -2$ und $x = 4$.

3. Überprüfung, ob Werte der Ableitungsfunktion größer oder kleiner als 0 sind! Dazu setzen wir Werte, die links und rechts von den Nullstellen liegen, in die Ableitungsfunktion ein. So kann ein eventueller Vorzeichenwechsel, der auf eine Änderung der Steigung hinweist, schnell entdeckt werden. Für unser Beispiel: $f'(-3)$; $f'(0)$; $f'(5)$. Man kann aber auch andere Werte einsetzen, jedoch nicht die Nullstellen!

6.9 Krümmung

Zur Beurteilung der Krümmung verwendet man häufig die zweite Ableitung. Es gilt

$$f''(x) > 0 \quad \Rightarrow \quad f(x) \text{ ist links gekrümmt bzw. konvex } \cup$$
$$f''(x) < 0 \quad \Rightarrow \quad f(x) \text{ ist rechts gekrümmt bzw. konkav } \cap$$

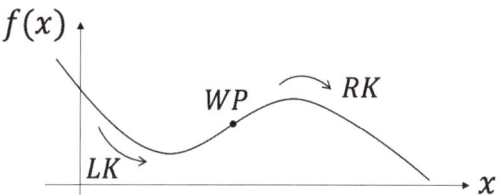

Das ganze soll euch anhand des folgenden **Beispiels** klar werden. Die Funktion

$$f(x) = x^2, \quad x \in \mathbb{R}$$

soll mit Hilfe der zweiten Ableitung auf ihr Krümmungsverhalten untersucht werden. Wir bilden zunächst die zweite Ableitung

$$f'(x) = 2x \quad \Rightarrow \quad f''(x) = 2 > 0$$

und sehen, dass die zweite Ableitung stets größer als 0 und damit linksgekrümmt bzw. konvex ist.

7 LGS lösen

Weißt du noch was eine lineare Gleichung ist? Dabei handelt es sich um eine Gleichung ersten Grades, d.h. die Variable x kommt in keiner höheren als der ersten Potenz vor. Die Parameter a und b können reelle Zahlen annehmen, wobei $a \neq 0$ gilt. Die allgemeine Form einer linearen Gleichung lautet:

$$ax + b = 0$$

Von einer linearen Gleichung zum Gleichungssystem

Als lineares Gleichungssystem bezeichnet man ein System linearer Gleichungen, die mehrere Unbekannte ("Variablen") enthalten. Schauen wir uns dazu ein kleines Beispiel an:

$$3x_1 + 4x_2 = -1$$
$$2x_1 + 5x_2 = 3$$

Der Unterschied zwischen einer linearen Gleichung und einem linearen Gleichungssystem ist das Vorhandensein

- mehrerer Gleichungen und

- mehrerer Unbekannten.

Im Zusammenhang mit **L**inearen **G**leichungs-**S**ystemen wird auch oft die Abkürzung „LGS" verwendet.

Allgemeine Form:

$$a_{11}x_1 + a_{12}x_2 + \cdots + a_{1n}x_n = b_1$$
$$a_{21}x_1 + a_{22}x_2 + \cdots + a_{2n}x_n = b_2$$
$$\vdots \qquad \vdots \qquad \vdots$$
$$a_{m1}x_1 + a_{m2}x_2 + \cdots + a_{mn}x_n = b_m$$

Beispiel:

$$3x_1 - 2x_2 + 2x_3 = 1$$
$$-2x_1 + 5x_2 - 6x_3 = 0$$
$$4x_1 + 3x_2 - 2x_3 = 3$$

Gleichungssysteme mit m Gleichungen und n Unbekannten kann man folgendermaßen kategorisieren:

- Quadratisches Gleichungssystem $m = n$, z.B. 3 Gleichungen und 3 Unbekannte

- Unterbestimmtes Gleichungssystem $m < n$, z.B. 2 Gleichungen und 3 Unbekannte

- Überbestimmtes Gleichungssystem $m > n$, z.B. 3 Gleichungen und 2 Unbekannte

Bei dem Thema lineare Gleichungssysteme geht es hauptsächlich darum diese zu lösen. Dazu bedient man sich sog. Lösungsverfahren, die dir bei der Ermittlung der Lösung helfen sollen. In der Schule beschäftigt man sich in der Regel mit folgenden Verfahren:

- Additionsverfahren

- Einsetzungsverfahren

- Gleichsetzungsverfahren

Jedes Verfahren kann man zum Lösen von Gleichungssystemen nutzen. Jedoch ist das Additionsverfahren das Wichtigste, da für lineare Gleichungssysteme mit drei oder mehr Variablen systematische Lösungsverfahren genutzt werden sollten. Hier ist insbesondere das Gauß-Verfahren zu nennen, das auf einem Additionsverfahren beruht.

Es werden 3 Fälle für die Lösungen von Gleichungssystemen unterschieden:

(i) eine eindeutige Lösung, wenn z.B. als Lösung $x_1 = 5, x_2 = 4$ herauskommt.

(ii) keine Lösung, wenn z.B. als Lösung $3 = 4$ eine falsche Aussage herauskommt.

(iii) unendlich viele Lösungen, wenn z.B. als Lösung $0 = 0$ eine allgemeingültige Aussage herauskommt.

7.1 Einsetzungsverfahren

Vorgehen:

1. Auflösen einer Gleichung nach einer Variablen.

2. Diesen Term in die andere Gleichung einsetzen.

3. Auflösen der so entstandenen Gleichung nach der enthaltenen Variablen.

4. Einsetzen der Lösung in die Gleichung, die im 1. Schritt berechnet wurde, mit anschließender Berechnung der Variablen.

Beispiel für ein quadratisches Gleichungssystem mit 2 Gleichungen und 2 Unbekannten:

$$\begin{aligned} \text{I} \quad & 2x_1 + 3x_2 = 12 \\ \text{II} \quad & x_1 - x_2 = 1 \end{aligned}$$

Gleichung II nach x_1 umformen:

$$x_1 = x_2 + 1$$

Nun x_1 in Gleichung I einsetzen und nach der Unbekannten x_2 auflösen.

$$2(x_2 + 1) + 3x_2 = 12 \quad | \text{ zusammenfassen}$$
$$\Leftrightarrow \quad 5x_2 + 2 = 12 \quad | -2$$
$$\Leftrightarrow \quad 5x_2 = 10 \quad | :5$$
$$\Leftrightarrow \quad x_2 = 2$$

Die Lösung $x_2 = 2$ in die umgeformte Gleichung $x_1 = x_2 + 1$ aus dem ersten Schritt einsetzen und so die andere Variable berechnen. Es folgt $x_1 = x_2 + 1 = 2 + 1 = 3$.

7.2 Gleichsetzungsverfahren

Vorgehen:

1. Auflösen beider Gleichungen nach der gleichen Variablen.

2. Gleichsetzen der anderen Seiten der Gleichung.

3. Auflösen der so entstandenen Gleichung nach der enthaltenen Variablen.

4. Einsetzen der Lösung in eine der umgeformten Gleichung aus Schritt 1 mit anschließender Berechnung der Variablen.

Beispiel für ein quadratisches Gleichungssystem mit 2 Gleichungen und 2 Unbekannten:

$$\text{I} \quad 2x_1 + 3x_2 = 12$$
$$\text{II} \quad x_1 - x_2 = 1$$

Beide Gleichungen nach der selben Variable umformen, z.B. x_1.

$$\text{Ia} \quad x_1 = 6 - 1{,}5x_2$$
$$\text{IIa} \quad x_1 = x_2 + 1$$

Nun Gleichung Ia und IIa gleichsetzen, denn es gilt $x_1 = x_1$. Es folgt

$$6 - 1{,}5x_2 = x_2 + 1$$

Die entstandene Gleichung enthält nur noch die Unbekannte x_2. Durch Umformen erhalten wir die Lösung:

$$6 - 1{,}5x_2 = x_2 + 1 \quad | +1{,}5x_2 \ -1$$
$$\Leftrightarrow \quad 5 = 2{,}5x_2 \quad | :2{,}5$$
$$\Leftrightarrow \quad 2 = x_2$$

Abschließend noch die Lösung in eine der umgeformten Gleichungen aus dem ersten Schritt (also in Ia oder IIa) einsetzen und die andere Variable berechnen. Wir setzen $x_2 = 2$ in IIa ein und erhalten: $x_1 = 2 + 1 = 3$.

7.3 Additionsverfahren

Vorgehen:

1. Entscheide, welche Unbekannte du eliminieren willst.

2. Überlege, was du tun musst, damit die Unbekannte wegfällt.

3. Berechne die Unbekannten.

Beispiel für ein quadratisches Gleichungssystem mit 2 Gleichungen und 2 Unbekannten:

$$\begin{aligned} \text{I} \quad & 2x_1 + 3x_2 = 12 \\ \text{II} \quad & x_1 - x_2 = 1 \end{aligned}$$

Entscheide, welche Unbekannte eliminiert werden soll!

- Möglichkeit 1: x_1 eliminieren, dass schaffen wir indem wir I$-2\cdot$II rechnen.

- Möglichkeit 2: x_2 eliminieren, dass schaffen wir indem wir I$+3\cdot$II rechnen.

Hier zeigen wir euch Möglichkeit 1:

$$\begin{aligned} \text{I} \quad & 2x_1 + 3x_2 = 12 \\ \text{II} \quad & x_1 - x_2 = 1 \quad | \cdot (-2) \end{aligned}$$

$$\begin{aligned} \text{I} \quad & 2x_1 + 3x_2 = 12 \\ \text{IIa} \quad & -2x_1 + 2x_2 = -2 \quad | \text{I} + \text{IIa} \end{aligned}$$

$$\begin{aligned} \text{I} \quad & 2x_1 + 3x_2 = 12 \\ \text{IIb} \quad & 5x_2 = 10 \quad \Rightarrow x_2 = 2 \end{aligned}$$

Zuletzt setzen wir $x_2 = 2$ in eine der beiden ursprünglichen Zeilen (also I oder II) ein, um x_1 zu berechnen. Wir setzen in II ein und erhalten:

$$\begin{aligned} & x_1 - x_2 = 1 \quad \text{mit } x_2 = 2 \\ \Rightarrow \quad & x_1 - 2 = 1 \quad | + 2 \\ \Leftrightarrow \quad & x_1 = 3 \end{aligned}$$

7.4 Gauß-Algorithmus

Gegeben sei das Gleichungssystem

$$\begin{array}{rl} \text{I} & x_1 - x_2 + 2x_3 = 0 \\ \text{II} & -2x_1 + x_2 - 6x_3 = 0 \\ \text{III} & x_1 - 2x_3 = 3 \end{array}$$

Unter dem „Lösen linearer Gleichungssysteme" versteht man die Berechnung von Unbekannten - in diesem Fall von x_1, x_2 und x_3. Da zum Lösen eines Gleichungssystems meist mehrere Schritte notwendig sind, wird es irgendwann lästig, bei jedem Schritt das ganze Gleichungssystem nochmal abzuschreiben. Aus diesem Grund lassen wir die Unbekannten (x_1, x_2, x_3) weg und schreiben nur die Koeffizienten auf.

Statt   schreiben wir

$$\begin{array}{rl} \text{I} & x_1 - x_2 + 2x_3 = 0 \\ \text{II} & -2x_1 + x_2 - 6x_3 = 0 \\ \text{III} & x_1 - 2x_3 = 3 \end{array}$$

x_1	x_2	x_3	$r.S.$
1	−1	2	0
−2	1	−6	0
1	0	−2	3

Dabei steht „$r.S.$" für die rechte Seite des Gleichungssystems, also der Teil rechts von dem Gleichheitszeichen. Wir erhalten die Koeffizientenschreibweise des LGS.

Ziel des Gauß-Algorithmus ist es, mit Hilfe von zeilenweisen Umformungen (dazu gleich mehr) unter der Hauptdiagonalen Nullen zu erzeugen. Was zunächst sehr abstrakt klingt, ist eigentlich gar nicht so schwierig. Nach einigen Umformungen sieht das Gleichungssystem so aus:

x_1	x_2	x_3	$r.S.$
1	−1	2	0
0	−1	−2	0
0	0	−6	3

Doch was hat uns diese Umformung gebracht? Erst wenn wir wieder unsere Unbekannten einfügen, wird deutlich, was uns diese Nullen bringen.

$$\begin{aligned} x_1 - x_2 + 2x_3 &= 0 \\ -x_2 - 2x_3 &= 0 \\ -6x_3 &= 3 \end{aligned}$$

Ist das Gleichungssystem so umgeformt, dass unter der Hauptdiagonalen nur noch Nullen sind, kann man die Unbekannten ganz leicht berechnen.

Wie komme ich aber auf die Nullen? Um die Nullen zu berechnen, darf man Zeilen

- vertauschen

- mit einer Zahl multiplizieren

- durch eine Zahl dividieren

- addieren

- subtrahieren

Hier die schrittweise Lösung unseres Beispiels: Um in der 3. Zeile und in der 1. Spalte die Null zu erhalten, betrachten wir zunächst unser Ausgangsgleichungssystem.

$$\begin{array}{rrr|r} 1 & -1 & 2 & 0 \\ -2 & 1 & -6 & 0 \\ 1 & 0 & -2 & 3 \end{array}$$

Scharfes Hinsehen verrät, dass wir von unserer dritten Zeile die erste Zeile abziehen können, um eine Null an der gewünschten Position zu erhalten. Ausführlich:

$$\begin{array}{rrr|r} 1 & 0 & -2 & 3 \\ 1 & -1 & 2 & 0 \\ \hline 0 & 1 & -4 & 3 \end{array} \quad \begin{array}{l} \text{3. Zeile} \\ \text{1. Zeile} \\ \text{3. Zeile - 1. Zeile = 3. Zeile*} \end{array}$$

Unser Gleichungssystem sieht nach dem ersten Schritt also wie folgt aus:

$$\begin{array}{rrr|r} 1 & -1 & 2 & 0 \\ -2 & 1 & -6 & 0 \\ 0 & 1 & -4 & 3 \end{array} \quad \begin{array}{l} \text{1. Zeile} \\ \text{2. Zeile} \\ \text{3. Zeile*} \end{array}$$

Das $*$ zeigt uns, das es sich um eine neue Zeile handelt. Um die Null in der 2. Zeile und 1. Spalte zu erhalten, addieren wir zu der 2. Zeile zweimal die 1. Zeile:

$$\begin{array}{rrr|r} -2 & 1 & -6 & 0 \\ 2 & -2 & 4 & 0 \\ \hline 0 & -1 & -2 & 0 \end{array} \quad \begin{array}{l} \text{2. Zeile} \\ 2\cdot \text{1. Zeile} \\ \text{2. Zeile} + 2\cdot \text{1. Zeile} = \text{2. Zeile*} \end{array}$$

Unser Gleichungssystem sieht nach dem zweiten Schritt also wie folgt aus:

$$\begin{array}{rrr|r} 1 & -1 & 2 & 0 \\ 0 & -1 & -2 & 0 \\ 0 & 1 & -4 & 3 \end{array} \quad \begin{array}{l} \text{1. Zeile} \\ \text{2. Zeile*} \\ \text{3. Zeile*} \end{array}$$

Um die Null in der 3. Zeile* und 2. Spalte zu erhalten, addieren wir zu der 3. Zeile* die 2. Zeile* und es folgt

$$\begin{array}{rrr|r} 1 & -1 & 2 & 0 \\ & -1 & -2 & 0 \\ & & -6 & 3 \end{array} \quad \begin{array}{l} \text{1. Zeile} \\ \text{2. Zeile*} \\ \text{3. Zeile**} \end{array}$$

Da die Nullen unter der Hauptdiagonalen berechnet sind, haben wir unser Ziel erreicht. Wie man jetzt die Unbekannten berechnet, wurde bereits oben erklärt.

Merke:

- Reihenfolge bei der Berechnung der Nullen spielt eine wichtige Rolle.

- Zuerst muss man die beiden Nullen in der ersten Spalte berechnen - welche der beiden Nullen man zuerst berechnet, ist jedoch egal. Anschließend berechnet man die verbleibende Null in der zweiten Spalte.

- Falls in der ersten Zeile (der ersten Spalte!) bereits eine Null vorliegt, lohnt es sich die Zeilen entsprechend zu vertauschen, um sich die Berechnung einer Null zu sparen.

Notizen

StudyHelp

8 Steckbriefaufgaben

Bei einer Steckbriefaufgabe werden bestimmte Eigenschaften eines Funktionsgraphen vorgegeben. Gesucht ist die Gleichung der Funktion, deren Graph die gewünschten Eigenschaften hat. Steckbriefaufgaben können nur als Text oder aus einem graphischen Zusammenhang, wo man dann entsprechend die Bedingungen ablesen muss, auftreten!

Vorgehen:

1. Um welche Art von Funktion handelt es sich? An der Anzahl an Unbekannten sehen wir wie viele Bedingungen aufgestellt werden müssen.

2. Ist eine Symmetrie vorhanden?

3. Wird eine Aussage über Punkte $f(x) = y$, die Steigung $f'(x) = m$, Extremstellen $f'(x) = 0$ oder Wendestellen $f''(x) = 0$ gemacht?

4. Alle Informationen in mathematische Gleichungen übersetzen.

5. LGS aufstellen und lösen.

6. Funktionsgleichung aufschreiben und Probe durchführen.

Beispiel Gesucht ist eine ganzrationale Funktion dritten Grades, deren Graph durch den Koordinatenursprung geht, bei $x = 1$ ein Minimum und im Punkt $W(2/3 \mid 2/27)$ einen Wendepunkt hat. Wir arbeiten hierfür unser obiges Schema ab.

1. Art der Funktion: Ein Polynom 3. Grades hat die allgemeine Form

$$f(x) = ax^3 + bx^2 + cx + d$$
$$f'(x) = 3ax^2 + 2bx + c$$
$$f''(x) = 6ax + 2b$$

   Mit a, b, c und d liegen vier Unbekannte vor, die bestimmt werden müssen. Wir benötigen also 4 Bedingungen!

2. Aussage über Symmetrie nicht vorhanden.

3. Aus „der Graph geht durch den Koordinatenursprung" folgern wir: (I) $f(0) = 0$

   Minimum an der Stelle $x = 1$ bringt uns die Info (II) $f'(1) = 0$

Wendepunkt bei $W(2/3 \mid 2/27)$ bringt uns die Info (III) $f''(2/3) = 0$ und (IV) $f(2/3) = 2/27$

4. Informationen in LGS aufstellen :

$$\text{aus (I)} \qquad a \cdot 0^3 + b \cdot 0^2 + c \cdot 0 + d = 0 \qquad \Rightarrow d = 0$$
$$\text{aus (IV)} \quad a \cdot (2/3)^3 + b \cdot (2/3)^2 + c \cdot (2/3) = 2/27$$
$$\text{aus (II)} \qquad 3a \cdot 1^2 + 2b \cdot 1 + c = 0$$
$$\text{aus (III)} \qquad 6a \cdot (2/3) + 2b = 0$$

5. Das LGS, bestehend aus den Gleichungen (II)-(IV), anschließend lösen und wir erhalten für die gesuchten Parameter $a = 1$, $b = -2$, $c = 1$, und $d = 0$ sowie die gesuchte Funktion 3. Grades mit der Gleichung

$$f(x) = x^3 - 2x^2 + x.$$

Hier einige Beispiele für typische Bedingungen:

...hat im Punkt (3|4)...	$f(3) = 4$
...geht durch den Ursprung...	$f(0) = 0$
...schneidet die x-Achse bei 5 ...	$f(5) = 0$
...hat bei $x = 3$ die Steigung $m = -1$...	$f'(3) = -1$
... ist bei $x = 4$ parallel zur Geraden $y = 2x + 3$...	$f'(4) = 2$
... schneidet die y-Achse bei 8	$f(0) = 8$
...hat einen Extrempunkt bei E $(0\|5)$...	$f(0) = 5, f'(0) = 0$
...berührt die x-Achse bei 5...	$f(5) = 0, f'(5) = 0$
...hat bei $x = -5$ einen Wendepunkt...	$f''(-5) = 0$
...seine Wendetangente bei $x = -2$...	$f''(-2) = 0$

---

e-Funktion

Bei Steckbriefaufgaben kann auch die e-Funktion gesucht sein. Denkt dabei einfach an die ganz normalen Schritte bei Steckbriefaufgaben. Eine allgemeine Funktion könnte die Form

$$f(x) = a \cdot e^{-kx}$$

aufweisen. Die Unbekannten u, k gilt es nun zu ermitteln. Daher muss die Aufgabenstellung zwei Bedingungen hergeben, um die Unbekannten bestimmen zu können.

In unserem Beispiel soll die Funktion durch die Punkte $P(2|4)$ und $Q(5|200)$ gehen. Wir stellen somit das Gleichungssystem

$$\text{I} \quad 4 = a \cdot e^{-2k}$$
$$\text{II} \quad 200 = a \cdot e^{-5k}$$

auf und lösen es nach den Unbekannten a und k auf. Eine Möglichkeit ist es, Gleichung I nach a umzustellen und in II einzusetzen.

$$
\begin{array}{llrcll}
\text{aus I folgt:} & & \frac{4}{e^{-2k}} & = & a & \quad | \text{ umschreiben} \\
& \Leftrightarrow & 4 \cdot e^{2k} & = & a & \\
\text{in II einsetzen:} & & 200 & = & 4 \cdot e^{2k} \cdot e^{-5k} & \quad | \text{ Potenzgesetze} \\
& \Leftrightarrow & 50 & = & e^{-3k} & \quad | \text{ logarithmieren} \\
& \Leftrightarrow & ln(50) & = & -3k & \\
& \Leftrightarrow & k & \approx & -1,3 &
\end{array}
$$

Wir erhalten dann für $k = -1,3$ und $a = 0,3$ und damit lautet die gesuchte Funktion

$$f(x) = 0,3 \cdot e^{1,3 \cdot x}.$$

Ein einfacheres Beispiel wäre es, wenn die gesuchte Funktion die Form

$$f(x) = 4 \cdot e^{-kx}$$

aufweist und durch den Punkt $P(2|10)$ soll. Warum soll diese Aufgabe einfacher sein? Weil es nur eine Unbekannte k gibt und demnach nur eine Gleichung mit $10 = 4 \cdot e^{-2k}$ aufgestellt werden muss um k zu bestimmen.

Notizen

9 Trassierungsaufgaben LK

Trassierungsaufgaben verlangen von uns, Funktionsgraphen *knickfrei* (glatter Übergang) zu verbinden. Aus der Information knickfrei ziehen wir, dass die Steigung der Funktionen an den Punkten P_1 und P_2 gleich ist. Weitere Begriffe, die im Zusammenhang mit Trassierung fallen, sind *ohne krümmungsruck* oder *krümmungsruckfrei*. Das bedeutet lediglich, dass die Krümmung am Übergangspunkt identisch sein soll. Für das nachfolgende Vorgehen soll f die gesuchte Funktion sein, die die bekannten Funktionen g und h miteinander verbinden soll.

Vorgehen:

1. Aufgabenstellung sorgfältig lesen - Welchen Grad soll die zu erstellende Funktion haben?

   - Treten nur die Begriffe ohne Sprung und ohne Knick / knickfrei auf hat die gesuchte Funktion meist den Grad 3.

   $$f(x) = ax^3 + bx^2 + cx + d$$

   - Tritt zusätzlich der Begriff ohne krümmungsruck auf hat die gesuchte Funktion den Grad 5.

   $$f(x) = ax^5 + bx^4 + cx^3 + dx^2 + ex + f$$

2. Aufstellen der allgemeinen Funktionsgleichung $f(x)$ sowie der 1. und, wenn krümmungsruckfrei verlangt wird, 2. Ableitung.

3. Bedingungen aufstellen:
   - ohne Sprung: $g(x_1) = f(x_1)$ und $h(x_2) = f(x_2)$
   - ohne Knick: $g'(x_1) = f'(x_1)$ und $h'(x_2) = f'(x_2)$
   - ohne Krümmungsruck: $g''(x_1) = f''(x_1)$ und $h''(x_2) = f''(x_2)$

4. Alle Informationen in mathematische Gleichungen übersetzen, LGS aufstellen und lösen.

5. Funktionsgleichung aufschreiben.

Schauen wir uns dazu ein **Beispiel** an, um das Prinzip zu verstehen. Gegeben seien die Geraden auf ihren jeweils vorgegeben Definitionsbereichen

$$g(x) = 3, \quad D_g = [-5; -2] \quad \text{und} \quad h(x) = 1, \quad D_h = [2; 4].$$

In dieser Aufgabe soll die knickfreie Verbindung durch eine Funktion 3. Grades realisiert werden. Wie das ganze am Ende aussehen soll, zeigt die nebenstehende Abbildung. Wir arbeiten das obige Vorgehen ab und erkennen aus der Aufgabenstellung, dass die Funktion den Grad 3 haben soll. Eine ganz allgemeine Funktion dritten Grades sieht so aus:

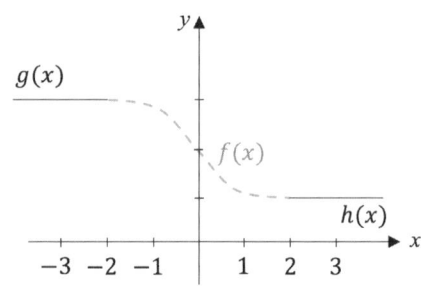

$$f(x) = ax^3 + bx^2 + cx + d$$

Es gilt also 4 Unbekannte zu bestimmen: a, b, c und d. Dazu benötigen wir 4 Bedingungen. Zunächst aber bilden wir für die Knickbedingung kurz die 1. Ableitung:

$$f'(x) = 3ax^2 + 2bx + c$$

Die 2. Ableitung ist nicht notwendig, da keine Information bezüglich des Krümmungsrucks vorliegt. Jetzt stellen wir die Bedingungen auf:

I	ohne Sprung:	$g(-2)$	$=$	$f(-2)$	$\Rightarrow$	3	$=$	$-8a$	$+\ 4b$	$-\ 2c$	$+d$
II	ohne Sprung:	$h(2)$	$=$	$f(2)$	$\Rightarrow$	1	$=$	$8a$	$+\ 4b$	$+\ 2c$	$+d$
III	ohne Knick:	$g'(-2)$	$=$	$f'(-2)$	$\Rightarrow$	0	$=$	$12a$	$-\ 4b$	$+\ c$	
IV	ohne Knick:	$h'(2)$	$=$	$f'(2)$	$\Rightarrow$	0	$=$	$12a$	$+\ 4b$	$+\ c$	

In diesem einfachen Beispiel ist die 1. Ableitung (Steigung) der Geraden g und h gleich Null, da die Geraden parallel zur x-Achse verlaufen. Das Gleichungssystem bestehend aus 4 Gleichungen müssen wir jetzt mit den uns bekannten Verfahren oder dem Taschenrechner lösen. In diesem Beispiel gibt es für das LGS eine eindeutige Lösung für die Unbekannten: $a = 1/16$, $b = 0$, $c = -3/4$ und $d = 2$. Die gesuchte Funktionsgleichung lautet

$$f(x) = \frac{1}{16}x^3 - \frac{3}{4}x + 2, \quad D_f = [-2; 2].$$

An dieser Stelle wollen wir uns noch ein weiteres **Beispiel** angucken, bei dem es eine eindeutige Lösung gibt. Es sind zwei Geraden

$$g(x) = -4x - 14, \quad -5 \leq x \leq -2 \quad \text{und} \quad h(x) = 6x - 6{,}5, \quad 0{,}5 \leq x \leq 3,$$

gegeben, die jeweils nur in einem bestimmten Abschnitt definiert sind. Diese beiden Geraden sollen nun so miteinander verbunden werden, dass sie eine knickfreie Parabel darstellen.

Die nebenstehende Skizze stellt die qualitativen Verläufe der Geraden und der gesuchten Parabel anschaulich dar. Eine allgemeine Funktionsgleichung einer Parabel und dessen erster Ableitung lautet:

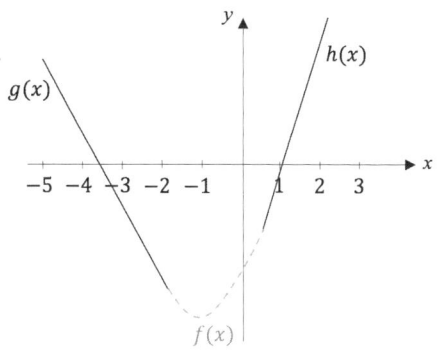

$$f(x) = ax^2 + bx + c$$
$$f'(x) = 2ax + b$$

Es müssen 3 Unbekannte bestimmt werden. Im nächsten Schritt überlegen wir uns die Bedingungen.

I	ohne Sprung:	$g(-2)$	$=$	$f(-2)$	$\Rightarrow$	-6	$=$	$4a$	$-$	$2b$	$+ \quad c$
II	ohne Sprung:	$h(0{,}5)$	$=$	$f(0{,}5)$	$\Rightarrow$	$-3{,}5$	$=$	$0{,}25a$	$+$	$0{,}5b$	$+ \quad c$
III	ohne Knick:	$g'(-2)$	$=$	$f'(-2)$	$\Rightarrow$	-4	$=$	$-4a$	$+$	b	
IV	ohne Knick:	$h'(0{,}5)$	$=$	$f'(0{,}5)$	$\Rightarrow$	6	$=$	a	$+$	b	

Nach dem Auflösen des Gleichungssystem erhalten wir für die Unbekannten $a = 2$, $b = 4$ und $c = -6$ und die gesuchte Parabelgleichung

$$f(x) = 2x^2 + 4x - 6, \quad D_f = [-2; 0{,}5].$$

Notizen

notw. Bed. $A'_\Delta (x) = 0 = -\frac{3}{12} x^2 + 2{,}25$

$$x^2 = 9$$

$\Leftrightarrow$ $x_{1,2} = \pm 3$

$\hookrightarrow$ Lsg $\boxed{x = 3}$

VZW als hinr. Bed.

$f'(2{,}9) = \oplus$

$f'(3{,}1) = \ominus$

10 Extremwertprobleme

Bei diesem Aufgabentyp (auch Optimierungsaufgaben genannt) geht es darum, Prozesse zu optimieren, minimalen oder maximalen Aufwand, Material oder Volumen zu erhalten. Man sucht also eine Funktion, die unser Problem beschreibt und nur noch von einer Variablen abhängt. Wenn unsere Funktion von mehreren Variablen abhängt, müssen Variablen durch Nebenbedingungen so eliminiert werden, dass nur noch eine Variable vorliegt. Wenn z.B. nach maximalen Volumen gefragt wird, ist die Hauptbedingung $V = \dots$. Soll nach minimaler Oberfläche gesucht werden ist die Hauptbedingung $O = \dots$. Die Nebenbedingung enthält Informationen, wie zum Beispiel ein gegebenes Volumen, wenn die Oberfläche minimal bzw. maximal werden soll.

> **Vorgehen**:
>
> 1. Hauptbedingung aufstellen: Was soll maximal/minimal werden?
>
> 2. Rand- bzw. Nebenbedingung: Angabe im Text!
>
> 3. Nebenbedingung nach einer Variablen umstellen und in Hauptbedingung einsetzen $\Rightarrow$ Zielfunktion.
>
> 4. Zielfunktion auf Extremstellen untersuchen.
>
> 5. Alle fehlenden Werte bestimmen. (Randwerte beachten!)

In diesem Themengebiet kommen zwei Aufgabentypen recht häufig vor: *Körperaufgaben* und umgangssprachlich *Punkt auf Graph-Aufgaben*. Wir möchten an dieser Stelle zunächst auf den zweiten Aufgabentypen eingehen. Oft ist hier eine Funktion $f(x)$ vorgegen, die sich in einem beliebigen Quadranten des Koordinatensystems befindet und in der sich ein Dreieck befindet, dessen Höhe und Breite abhängig von der Funktion f ist. Genau so ein Fall wird im folgenden Beispiel behandelt.

Beispiel Gegeben sei die Funktion $f(x)$ im ersten Quadranten. Welche Koordinaten muss der Punkt P besitzen, damit der Flächeninhalt des grau schraffierten Dreiecks maximal ist? Unsere Hauptbedingung lautet demnach

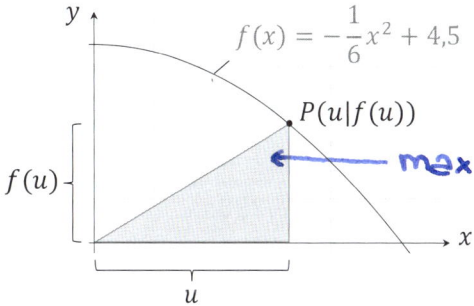

Flächeninhalt Dreieck: $A_\Delta = \dfrac{1}{2} \cdot g \cdot h$.

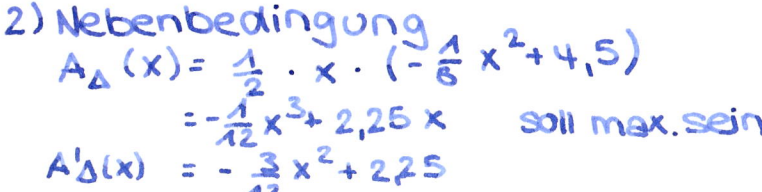

1) max $A_\Delta = \frac{1}{2} \cdot g \cdot h$
$$= \frac{1}{2} \cdot x \cdot f(x)$$

2) Nebenbedingung
$$A_\Delta(x) = \frac{1}{2} \cdot x \cdot (-\frac{1}{6}x^2 + 4,5)$$
$$= -\frac{1}{12}x^3 + 2,25x \quad \text{soll max. sein}$$
$$A'_\Delta(x) = -\frac{3}{12}x^2 + 2,25$$

Die Nebenbedingung ist in diesem Fall, dass der Punkt P auf dem Funktionsgraphen liegen muss. Das ist eine nützliche Information, denn so können wir die Grundseite g und die Höhe h in der Formel durch die Koordinaten von P ersetzen:

$$\text{Nebenbedingung:} \quad g = u \quad \text{und} \quad h = f(u) = -\frac{1}{6}u^2 + 4,5$$

Anschließend die Nebenbedingung in die Hauptbedingung einsetzen und wir erhalten die Zielfunktion:

$$A_\Delta(u) = \frac{1}{2} \cdot u \cdot \left(-\frac{1}{6}u^2 + 4,5\right) = -\frac{1}{12}u^3 - 2,25u$$

Unsere Zielfunktion ist nur noch abhängig von der Unbekannten u. Wir untersuchen die Funktion nun auf Extremstellen. Die

$$\text{notw. Bed.:} \quad A_\Delta'(u) = -\frac{1}{4}u^2 - 2,25 = 0$$

liefert die beiden möglichen Extremstellen $u_1 = 3$ und $u_2 = -3$. Da wir uns laut Aufgabentext im ersten Quadranten befinden haben wir nur die Lösung $u_1 = 3$. Die Prüfung, ob wirklich ein Maximum vorliegt, wird mit der zweiten Ableitung gemacht und liefert $A_\Delta''(u_1 = 3) = -3/2 < 0$. Für $u_1 = 3$ ist die Zielfunktion, also die Fläche des Dreiecks, wirklich maximal! Jetzt noch die restlichen Werte bestimmen, hier die y-Koordinate von P: $f(3) = 3$. Damit lautet der Punkt, der zur maximalen Fläche des Dreiecks führt $P(3|3)$.

In der folgenden Abbildung findet ihr weitere typische Beispiele zu Extremwertaufgaben mit den dazugehörigen Zielfunktionen. Die größte Schwierigkeit ist in der Regel, die Zielfunktion zu bestimmen. Diese Funktionen dann auf Extremstellen zu untersuchen, ist dann nicht mehr das Problem.

Weitere typische Aufgaben, bei denen wir die Zielfunktion aufstellen möchten:

1) **Fläche** – Seitenlänge begrenzt

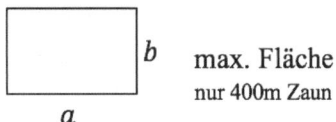

max. Fläche
nur 400m Zaun

HB: $A(a, b) = a \cdot b$
NB: $U(a, b) = 2 \cdot (a + b) = 400$
$\Leftrightarrow b = 200 - a$ in HB

ZF: $A(a) = -a^2 + 200a$

2) **Quader** – Kantenlänge begrenzt

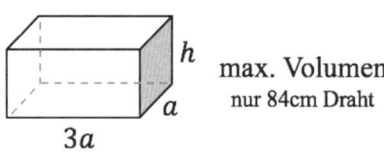

max. Volumen
nur 84cm Draht

HB: $V(a, h) = 3a^2 \cdot h$
NB: $K(a, h) = 16a + 4h = 84$
$\Leftrightarrow h = 21 - 4a$ in HB

ZF: $V(a) = 3a^2(21 - 4a)$

3) **Dose** – Material begrenzt

geschlossen

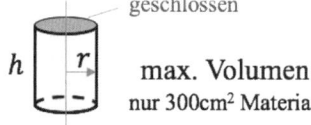

max. Volumen
nur 300cm² Material

HB: $V(r, h) = \pi r^2 h$
NB: $O(r, h) = 2\pi r(r + h) = 300$
$\Leftrightarrow h = \dfrac{300}{2\pi r} - r$ in HB

ZF: $V(r) = 150r - \pi r^3$

11 Wachstumsprozesse LK

Berechnungen zu Wachstum bzw. Wachstumsprozessen beschäftigen sich mit der Entwicklung von einem Bestand. Eine wichtige Idee dabei ist, dass die Änderung des Bestands (also Zunahme und Abnahme) die Ableitung des Bestands ist.

11.1 Lineares Wachstum

Das lineare Wachstum ist sehr, sehr einfach. Es handelt sich hierbei um einen Bestand mit einer gleichmäßigen Entwicklung! Es kommt also in jeder Zeitspanne immer die gleiche Menge dazu (oder geht weg). Das lineare Wachstum wird durch eine Gerade beschrieben, der Ansatz lautet also:

$$y = m \cdot x + b \quad \text{oder auch} \quad B(t) = m \cdot t + b$$

Beispiel In einen Tümpel, der anfangs 200 m³ dreckiges, stinkendes Wasser enthält, fließen täglich 4 m³ sauberes, kristallklares Wasser dazu.

1. Wieviel Wasser enthält der See nach 50 Tagen?

   Lineares Wachstum wird einfach durch unsere bekannte Geradengleichung beschrieben. Da Wachstumsprozesse meist von der Zeit t (Englisch für *time*) abhängen, seht ihr oft auch $B(t) = m \cdot t + b$. Hier hängt der Bestand B von der Zeit t ab. b bezeichnet hierbei den Bestand zum Zeitpunkt 0, m die Zunahme pro Zeiteinheit t [Tage]. Unser Beispiel können wir also wie folgt beschreiben:

   $$B(t) = 4 \cdot t + 200 \quad [\text{m}^3]$$

   Um herauszufinden, wieviel Wasser nach 50 Tagen enthalten ist, setzen wir $t = 50$ in die obige Gleichung ein und erhalten:

   $$B(50) = 4 \cdot 50 + 200 = 400 \quad [\text{m}^3]$$

   Antwort: Nach 50 Tagen sind 400 m³ in dem Tümpel.

2. Wann enthält der See 1000 m³ Wasser?

   Lösungsweg 1 - Überlegen: Zu Beginn waren schon 200 m³ im Tümpel, also sind $1000 - 200 = 800$ m³ hinzugekommen. Da 4 m³ täglich hinzufließen, brauche ich 800/4=200 Tage, damit 1000 m³ im Tümpel sind.

Lösungsweg 2 - Gleichung verwenden: Der Bestand B soll 1000 m^3 sein. Also setzen wir die 1000 in die Geradengleichung ein und stellen nach der Unbekannten t um. Es folgt:

$$1000 = 4 \cdot t + 200 \quad \Rightarrow \quad t = 200 \quad \text{[Tage]}$$

3. Wann ist nur noch 1% des Wassers dreckig?

An dieser Stelle denken wir einmal nach und schauen uns den Aufgabentext an. Es fließt nur sauberes Wasser hinzu. Das einzig dreckige Wasser in dem Tümpel ist der Anfangsbestand. Demnach sind die gesuchten 1% die anfänglichen 200 m^3. Mit Hilfe des Dreisatz können wir herausfinden, dass 100% also 20000 m^3 sein müssen. Jetzt stellt sich die Frage, wann 20000 m^3 im Tümpel sind. Das können wir genau so wie Aufgabenteil 2. lösen. Wir verwenden hier den zweiten Lösungsweg und erhalten:

$$20000 = 4 \cdot t + 200 \quad \Rightarrow \quad t = 4950 \quad \text{[Tage]}$$

11.2 Exponentielles Wachstum

Im vorherigen Kapitel haben wir gelernt, was es mit dem linearen Wachstum auf sich hat. Wir haben bewusst auf die Darstellung des linearen Zerfalls verzichtet, weil die Abläufe identisch sind. Der einzige Unterschied ist, dass etwas immer gleich viel abnimmt anstatt zunimmt.

Exponentielles Wachstum ist ein Wachstum, in welchem die Zunahme (oder Abnahme) immer proportional zum Bestand ist, sprich: zum bereits vorhandenen Bestand kommt immer der gleiche prozentuale Anteil dazu (oder geht weg). Standardbeispiel: Zinsen bei der Bank (zu einem angelegten Kapital kommt immer der gleiche Zinssatz dazu).

Exponentielles Wachstum wird durch die Funktionsgleichung

$$\text{Endwert} \; = \; \text{Startwert} \cdot \text{Basis}^x$$
$$f(x) = s \cdot b^x$$
$$\text{oder} \quad f(t) = a \cdot q^t$$

mit $q > 1$ als Wachstumsfaktor und $q < 1$ als Zerfallsfaktor beschrieben.

Was bedeutet das jetzt? Hier ein paar Beispiele:

- 200 Fliegen verdoppeln täglich ihre Anzahl: $f(t) = 200 \cdot 2^t$

- 200 Fliegen halbieren tägliche ihre Anzahl: $f(t) = 200 \cdot 0,5^t$

- 200 Fliegen vermehren sich täglich um 7 %. Allgemein: $f(t) = a \cdot \left(1 + \frac{p}{100}\right)^t$

$$f(t) = 200 \cdot \left(1 + \frac{7}{100}\right)^t = 200 \cdot 1,07^t$$

- 200 Fliegen werden täglich 5 % weniger. Allgemein: $f(t) = a \cdot \left(1 - \frac{p}{100}\right)^t$

$$f(t) = 200 \cdot \left(1 - \frac{5}{100}\right)^t = 200 \cdot 0,95^t$$

Die nachfolgende Abbildung soll euch als Übersicht zum Thema Wachstumsprozesse dienen. Hier sind lineare und exponentielle Prozesse gegenübergestellt, so dass die Unterschiede deutlich werden können.

Lineares Wachstum

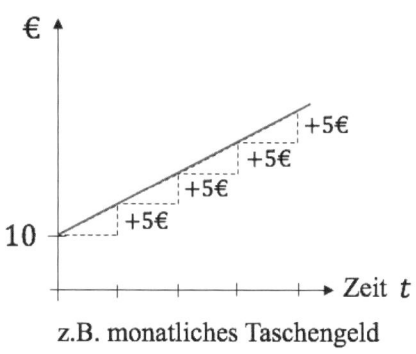

z.B. monatliches Taschengeld

Exponentielles Wachstum

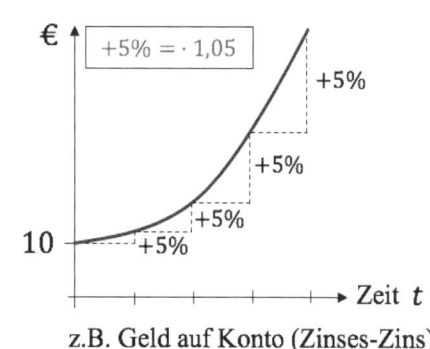

z.B. Geld auf Konto (Zinses-Zins)

Linearer Zerfall

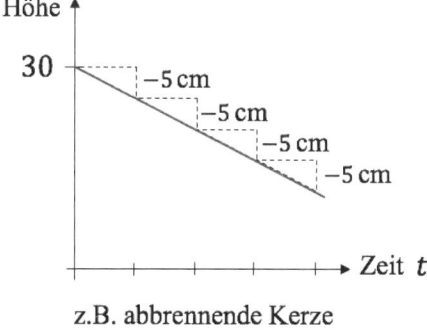

z.B. abbrennende Kerze

Exponentieller Zerfall

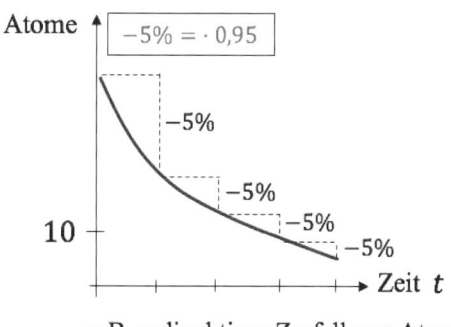

z.B. radioaktiver Zerfall von Atomen

Typisch für exponentielles Wachstum ist die *Verdopplungszeit bzw. Generationszeit*, wo gefragt wird, wann der doppelte Startwert (oder Anfangsbestand) erreicht wird und die *Halbwertszeit* (bei exponentieller Abnahme), wo gefragt wird, wann der halbe Startwert (oder Anfangsbestand) erreicht wird. Da bei der Verdopplungszeit immer nach dem doppelten Startwert $(2 \cdot S)$ mit S als Startwert gefragt wird, steht auf der linken Seite der Gleichung immer eine 2 bzw. eine 0,5 bei der Halbwertszeit.

Beispiel

Verdopplungszeit: Halbwertszeit:

$$
\begin{aligned}
f(t) &= 200 \cdot 1,05^t \\
\Rightarrow \quad 400 &= 200 \cdot 1,05^t \quad &| : 200 \\
\Leftrightarrow \quad 2 &= 1,05^t \quad &| \text{ mit log} \\
\Leftrightarrow \quad t &= \log_{1,05}(2)
\end{aligned}
$$

$$
\begin{aligned}
f(t) &= 200 \cdot 0,8^t \\
\Rightarrow \quad 100 &= 200 \cdot 0,8^t \quad &| : 200 \\
\Leftrightarrow \quad 0,5 &= 0,8^t \quad &| \text{ mit log} \\
\Leftrightarrow \quad t &= \log_{0,8}(0,5)
\end{aligned}
$$

11.2.1 e-Funktion, die besondere Exponentialfunktion

Wenn die Basis der Exponentialfunktion die eulersche Zahl e ist, dann sprechen wir von DER Exponentialfunktion. Häufig wird bei Aufgaben zu Wachstums- oder Zerfallsprozessen die Basis e gewählt. Die allgemeine Form lautet:

$$
f(t) = a \cdot e^{\pm k \cdot t}
$$

$$
\text{mit} \quad k = ln(1 + \frac{p}{100}) \quad \text{als Wachstumskonstante}
$$

$$
\text{und} \quad k = ln(1 - \frac{p}{100}) \quad \text{als Zerfallskonstante.}
$$

11.2.2 Exponentialfunktion aufstellen mit 2 Punkten

Häufig sind die Aufgaben bei Wachstumsprozessen so gestellt, dass aus dem Aufgabentext zwei Punkte herausgefunden werden müssen und man aus diesen zwei Punkten eine Exponentialfunktion aufstellen muss. Dazu gucken wir uns direkt mal ein typisches Beispiel an.

Beispiel Daniel hat einen normalen Hormonspiegel von 6 mg/l. Als er Chantal zum ersten Mal sieht, schnellt der Hormonspiegel innerhalb von 3 Minuten auf 9 mg/l. Wie hoch ist der Hormonspiegel nach einer Viertelstunde, wenn man von einer Entwicklung gemäß $h(t) = a \cdot e^{kt}$ ausgehen kann?

Wie gehen wir vor? Die Form der Funktion, hier Exponentialfunktion, ist bereits gegeben. Folgende Infomationen müssen aus der Aufgabenstellung herausgezogen werden:

$$
\begin{aligned}
t = 0: \quad h(0) = 6 \quad &\text{daraus folgt der Punkt } P_1(0|6) \\
t = 3: \quad h(3) = 9 \quad &\text{daraus folgt der Punkt } P_2(3|9)
\end{aligned}
$$

Gesucht ist der Hormonspiegel nach einer Viertelstunde, also $h(15)$.

Aus $P_1(0|6)$ und $P_2(3|9)$ folgen dann zwei Gleichungen, die wir nach den uns bekannten Verfahren auflösen.

$$\text{I} \quad 6 = a \cdot \underbrace{e^{k \cdot 0}}_{=1} \qquad\qquad \text{II} \quad 9 = a \cdot e^{k \cdot 3}$$

Aus Gleichung I folgt direkt $a = 6$ und das setzen wir in Gleichung II ein und erhalten:

$$
\begin{aligned}
9 &= 6 \cdot e^{k \cdot 3} && | : 6 \\
\Leftrightarrow \quad 1,5 &= e^{3k} && | \ln \\
\Leftrightarrow \quad \ln(1,5) &= 3k && | : 3 \\
\Leftrightarrow \quad k &= \frac{\ln(1,5)}{3} \approx 0,135
\end{aligned}
$$

Damit folgt für die gesuchte Wachstumsfunktion: $h(t) = 6 \cdot e^{0,135 \cdot t}$. Wenn Ihr die Funktion habt, ist der Rest meist einfach. Daniel hat nach 15 Minuten einen Hormonspiegel von

$$h(15) = 6 \cdot e^{0,135 \cdot 15} \approx 45,46 \quad \left[\frac{\text{mg}}{\text{l}}\right].$$

Beachtet bitte, dass die Rundungsfehler bei e-Funktionen sehr hoch sind.

11.2.3 Unbegrenztes Wachstum bzw. unbegrenzter Zerfall

In diesem Abschnitt sollt ihr eine Übersicht zu unbegrenztem Wachstum/Zerfall bekommen. Wir haben $N(t)$ als den y-Wert, der rauskommt, wenn ich einen Anfangswert $N(0)$ mal den Faktor $e^{k \cdot t}$ habe. Der Parameter k muss dabei größer als Null sein. Dabei ist es egal, ob Wachstum oder Zerfall vorliegt.

Unbegrenztes Wachstum:

$$
\begin{aligned}
N(t) &= N(0) \cdot e^{k \cdot t} \\
N'(t) &= k \cdot N(0) \cdot e^{k \cdot t} \\
&= k \cdot N(t)
\end{aligned}
$$

Verdopplungszeit: $t = \frac{\ln(2)}{k}$

Unbegrenzter Zerfall:

$$
\begin{aligned}
N(t) &= N(0) \cdot e^{-k \cdot t} \\
N'(t) &= -k \cdot N(0) \cdot e^{-k \cdot t} \\
&= -k \cdot N(t)
\end{aligned}
$$

Halbwertszeit: $t = \frac{\ln(0,5)}{-k}$

Beispiel zur Halbwertszeit: In lebenden Organismen beträgt der Anteil des Kohlenstoffisotops C14 etwa ein Billionstel aller Kohlenstoffatome. In abgestorbenen Organismen zerfällt das C14-Isotop exponentiell. Nach 1000 Jahren sind noch ca. 0,886 Billionstel vorhanden. Bestimme die Halbwertszeit von C14.

Es liegt ein unbegrenzter Zerfall vor. Unser Ansatz lautet zunächst $N(t) = N(0) \cdot e^{-kt}$. Wir müssen also den Anfangswert $N(0)$ und k bestimmen. Zwei Informationen sind im Aufgabentext gegeben, um die gesuchten Werte zu bestimmen:

- Anfangswert: $N(0) = 1$

- Nach 1000 Jahren: $N(1000) = 0,886$

Hinweis: Die Einheit ist Billionstel. Wir erhalten

$$
\begin{aligned}
0,886 &= 1 \cdot e^{-k \cdot 1000} &&| \text{ logarithmieren} \\
\Leftrightarrow \quad \ln(0,886) &= -k \cdot 1000 \\
\Leftrightarrow \quad k &\approx 0,000121
\end{aligned}
$$

und damit die Funktion, die den unbegrenzten Zerfall beschreibt: $N(t) = 1 \cdot e^{-0,000121 \cdot t}$.

Erst jetzt beginnen wir mit der Fragestellung. Wir verwenden einfach die Formel von oben und es folgt für die Halbwertszeit:

$$
t = \frac{\ln(0,5)}{-0,000121} \approx 5728 \text{ Jahre}
$$

11.2.4 Beschränktes Wachstum und beschränkte Abnahme

Grundsätzlich unterscheidet man zwischen beschränktem Wachstum und beschränkter Abnahme. Ganz allgemein gilt:

$$
f(t) = S \pm c \cdot e^{-k \cdot t}, \text{mit } k > 0, \ s \in \mathbb{R} \text{ und } t
$$

Beschränktes Wachstum:

$$f(t) = 30 - 16 \cdot e^{-0,05 \cdot t}$$

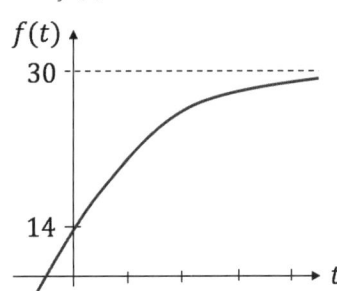

Beschränkte Abnahme:

$$g(t) = 30 + 16 \cdot e^{-0,05 \cdot t}$$

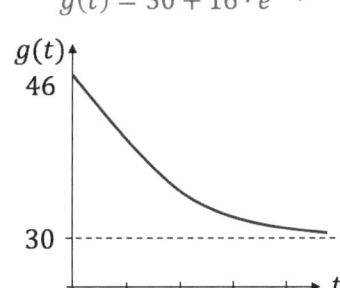

Beispiel für beschränktes Wachstum: Ihr holt ein Glas Milch aus dem Kühlschrank und stellt es in euer Zimmer. Wir haben eine Zunahme der Temperatur, die beschränkt ist auf die Raumtemperatur.

Beispiel für beschränkte Abahme: Ihr erhitzt ein Glas Milch und stellt es in euer Zimmer. Wir haben eine Abnahme der Temperatur, die beschränkt ist auf die Raumtemperatur.

Charakteristisch für beschränktes Wachstum oder beschränkte Abnahme ist, dass die Steigung mit steigender Zeit abnimmt. Unterschied zu logistischem Wachstum!

11.2.5 Logistisches Wachstum

Ähnlich wie beim beschränkten Wachstum erkennt ihr, wenn man nach rechts schaut, dass die Steigung des Graphen immer weiter abnimmt bis sie 0 ist und sich einem Grenzwert asymptotisch annähert. Anders als beim beschränkten Wachstum ist es aber so, dass die Wachstumsgeschwindigkeit zu Beginn zunimmt, bevor sie abnimmt. In der Abbildung seht ihr ein Beispiel, wie logistisches Wachstum graphisch aussehen könnte.

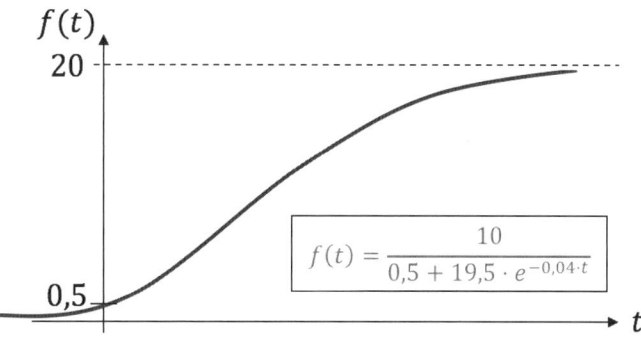

$$f(t) = \frac{10}{0{,}5 + 19{,}5 \cdot e^{-0{,}04 \cdot t}}$$

Wie kommt man auf den Grenzwert bei $f(t)$ (Schranke S), der hier 20 ist? Einfach ausgedrückt: Zahl oben durch Zahl, die alleine steht, ist die sogenannte Schranke, bei der sich der Graph vom Wert her einpendelt. In unserem Beispiel: $10/0{,}5 = 20$.

Die Zahl, die unter dem Bruchstrich alleine steht, ist zeitgleich der Schnittpunkt mit der y-Achse. Hier: $0{,}5$. Damit hat man alle Sonderheiten geklärt. Allgemein gilt für logistisches Wachstum folgende Gleichung:

$$f(t) = \frac{a \cdot S}{a + (S - a) \cdot e^{-Skt}}, \text{ wobei } a = f(0),\ 0 < a < S,\ k > 0 \text{ und } S > 0.$$

Größerer Wachstums-/Zerfallszeitraum

Wenn ein größerer Zeitraum als *täglich*, *stündlich*, *minütlich* vorgegeben ist, z.B. alle 4 Tage werden 200g 20% mehr, habt ihr zwei Möglichkeiten, die Exponentialfunktion aufzustellen:

1) Richtigen Wachstumsfaktor ausrechnen!

$$f(x) = 200 \cdot q^x$$
$$\underbrace{240}_{200+20\%} = 200 \cdot q^4 \quad |:200$$
$$1{,}2 = q^4 \qquad |4.\text{ Wurzel ziehen}$$
$$q = \sqrt[4]{1{,}2} \ \Rightarrow\ f(x) = 200 \cdot \left(\sqrt[4]{1{,}2}\right)^x$$

2) Exponenten anpassen!

$$f(x) = 200 \cdot (\underbrace{1{,}2}_{1+\frac{0{,}2}{100}})^{\frac{1}{4}x}$$
$$= 200 \cdot \left(1{,}2^{\frac{1}{4}}\right)^x$$
$$= 200 \cdot \left(\sqrt[4]{1{,}2}\right)^x$$

Notizen

12 Integralrechnung

Die Integralrechnung ist neben der Differentialrechnung der wichtigste Zweig der mathematischen Disziplin der Analysis. Sie ist aus dem Problem der Flächen- und Volumenberechnung entstanden. Das Integral ist ein Oberbegriff für das unbestimmte und das bestimmte Integral. Die Berechnung von Integralen heißt *Integration*. Zunächst gehen wir nochmal die Grundlagen der Integralrechnung durch. Im Anschluss werden Flächeninhalte bestimmt und schwierigere Integrationsregeln wie z.B. die partielle Integration vorgestellt.

Grundlagen

Die Umkehrung des Ableitens ist das Bilden von Stammfunktionen und wird deshalb auch *Aufleiten* genannt. Wie schon beim Ableiten gibt es auch hier eine *Summenregel* (= Eine Summe wird „summandenweise" aufgeleitet) und eine *Faktorregel* (= Ein konstanter Faktor bleibt beim Aufleiten erhalten).

$$
\begin{array}{lcl}
 & F(x) & \text{Stammfunktion} \\
\text{integrieren} & \uparrow & \\
 & f(x) & \text{Ausgangsfunktion} \\
\text{differenzieren} & \downarrow & \\
 & f'(x) & \text{1. Ableitungsfunktion} \\
\text{differenzieren} & \downarrow & \\
 & f''(x) & \text{2. Ableitungsfunktion}
\end{array}
$$

12.1 Übersicht typischer Stammfunktionen

Wenn F eine Stammfunktion von f ist und C eine beliebige reelle Zahl (Konstante), dann ist auch $F(x) + C$ eine Stammfunktion von f. Zum Beispiel sind

$$
F(x) = (x^2/2) + 5
$$
$$
F(x) = (x^2/2) + 10
$$
$$
F(x) = (x^2/2) - 200
$$

alles Stammfunktionen von $f(x) = x$. Grundsätzlich lautet die Stammfunktion für $f(x) = x$ also $F(x) = x^2/2 + C$. Wenn nur eine Stammfunktion gesucht wird, können wir zur Einfachheit $C = 0$ wählen.

Die Stammfunktion zu der Potenzfunktion

$$f(x) = x^n, \quad n \in \mathbb{N}$$

ermittelt sich allgemein über

$$F(x) = \frac{1}{n+1} x^{n+1}.$$

Beim Aufleiten muss der Exponent um 1 erhöht und in den Nenner des Bruchs geschrieben werden! In nebenstehender Tabelle findet ihr weitere Beispiele.

$f(x)$	$F(x)$
1	x
10	$10x$
x	$\frac{1}{2}x^2$
$10x$	$5x^2$
x^2	$\frac{1}{3}x^3$
$5x^7$	$\frac{5}{8}x^8$
$3x^4 - 2x^3 + 4$	$\frac{3}{5}x^5 - \frac{2}{4}x^4 + 4x$

Wie bereits erwähnt gibt es bei der Integralrechnung auch eine Summenregel, die besagt, dass jeder Summand einzeln integriert wird. Zum Beispiel ist $F(x) = x^2 + 3x$ eine Stammfunktion von $f(x) = 2x + 3$.

e-Funktion

In der nebenstehenden Tabelle finden wir viele Beispiele von aufgeleiteten e-Funktionen.

Merkt euch: Egal ob Nullstellen bestimmen, Ableitung oder Stammfunktion bilden. Achtet auf die Struktur der Funktion! Steht da nur eine Summe oder eine Differenz oder ist ein Produkt aus Term mit einer Variablen mal e hoch irgendwas zu erkennen?

$f(x)$	$F(x)$
e^x	e^x
e^{2x}	$\frac{1}{2}e^{2x}$
e^{3x}	$\frac{1}{3}e^{3x}$
e^{4-2x}	$\frac{-1}{2}e^{4-2x}$
$20e^{10x}$	$2e^{10x}$
$3e^{5-2x}$	$\frac{3}{-2}e^{5-2x}$
e^{x^2}, e^{x^3}	Geht nicht!
$2x \cdot e^{-2x}$	Partielle Integration
$2x \cdot e^{x^2}$	Substitution

12.2 Unbestimmtes Integral

Als unbestimmtes Integral bezeichnet man, wie oben bereits angedeutet, die Gesamtheit aller Stammfunktionen $F(x) + C$ einer Funktion $f(x)$. Die Schreibweise für unbestimmte Integrale lautet

$$\int f(x)\, \mathrm{d}x = F(x) + C$$

Dabei ist $\int$ das Integrationszeichen und $f(x)$ der Integrand. Die Variable x heißt Integrationsvariable und C ist die Integrationskonstante. Hier zwei Beispiele für unbestimmte Integrale:

$$\int 2x \ \mathrm{d}x = x^2 + C$$

$$\int x^3 \ \mathrm{d}x = \frac{1}{4}x^4 + C$$

12.3 Bestimmtes Integral

Wenn Integrationsgrenzen angegeben sind, handelt es sich nicht mehr um ein unbestimmtes Integral. Man spricht dann von einem bestimmten Integral, da die Integrationsgrenzen angegeben (folglich bestimmt) sind.

Im Gegensatz zum unbestimmten Integral lässt sich ein bestimmtes Integral mit dem *Hauptsatz der Integralrechnung* lösen!

$$\int_a^b f(x) \ \mathrm{d}x = [F(x)]_a^b = (F(b) - F(a))$$

Als Ergebnis erhält man einen konkreten Zahlenwert.

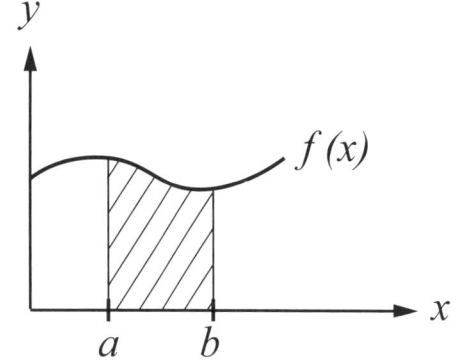

Beispiel

$$\int_1^3 2x \ \mathrm{d}x = \left[x^2\right]_1^3 = (3^2 - 1^2) = 8$$

12.4 Bestimmung von Flächeninhalten

Die Integralrechnung kann zur Berechnung von Flächeninhalten verwendet werden. Wenn Grenzwerte gegeben sind, liegt ein bestimmtes Integral vor. Im Folgenden werden wir euch Beispiele zu verschiedenen Problemstellungen zeigen. Berechnung der Fläche

- zwischen Graph und x-Achse

  Vorgehen:

  - Bestimme die Nullstellen um die Grenzen zu erhalten.
  - Ist die Fläche stets oberhalb der x-Achse, die bestimmt wird, kannst du ganz normal das Integral berechnen.

– Merke: Wenn die Funktion im zu berechnendem Intervall einen Vorzeichenwechsel hat, ist ein Teil der Fläche unterhalb der x-Achse und eine Fläche oberhalb. Die Fläche unterhalb der x-Achse muss dann im Betrag genommen werden.

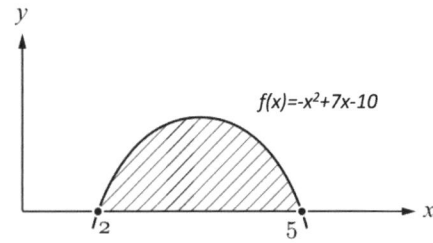

Beispiel Gegeben sei die Funktion $f(x) = -x^2 + 7x - 10$, siehe Abbildung, und es soll die Fläche berechnet werden, die von dem Graph und der x-Achse eingeschlossen wird. Zunächst werden die Nullstellen berechnet: $x_1 = 2$ und $x_2 = 5$. Das sind gleichzeitig unsere Integrationsgrenzen. Es folgt für die Fläche

$$\int_{2}^{5} -x^2 + 7x - 10 \ \mathrm{d}x = \left[-\frac{x^3}{3} + \frac{7x^2}{2} - 10x \right]_{2}^{5}$$

$$= \left(-\frac{5^3}{3} + \frac{7 \cdot 5^2}{2} - 10 \cdot 5 \right) - \left(-\frac{2^3}{3} + \frac{7 \cdot 2^2}{2} - 10 \cdot 2 \right)$$

$$= 4,5 \ [\text{FE}]$$

• zwischen Graph und x-Achse im Intervall von $[2, 4]$

Beispiel In der nebenstehenden Abbildung soll die Fläche einer Funktion $f(x)$ im Intervall $[2, 4]$ bestimmt werden.

$$\int_{2}^{4} f(x) \ \mathrm{d}x = -6$$

gibt hierbei nicht den gesuchten Flächeninhalt an, sondern den Integralwert!

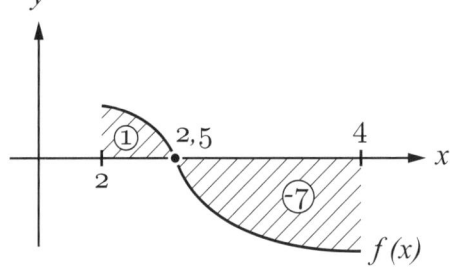

Aus diesem Grund ist die Berechnung der Nullstellen wichtig. Da eine Nullstelle bei $x = 2,5$ vorliegt, also innerhalb der angegebenen Integrationsgrenzen, gibt es einen Vorzeichenwechsel und ein Teil des Graphen muss unterhalb der x-Achse liegen. Tipp: Teilfläche A_1 von unterer Grenze zur Nullstelle und Teilfäche A_2 von Nullstelle zu oberer Grenze berechnen. Es folgt mit

$$A_1 = \int_{2}^{2,5} f(x) \ \mathrm{d}x = 1 \ [\text{FE}] \quad \text{und} \quad A_2 = \int_{2,5}^{4} f(x) \ \mathrm{d}x = |-7| = 7 \ [\text{FE}]$$

der gesuchte Flächeninhalt $A_{ges} = A_1 + A_2 = 8 \ [\text{FE}]$.

- zwischen zwei Graphen

Wenn f und g zwei Funktionen sind, die auf dem Intervall $[a;b]$ stetig sind und $f(x) \geq g(x)$ für alle $x \in [a;b]$ gilt, dann ist die Fläche, die von beiden Funktionen eingeschlossen wird

$$A = \int_a^b (f(x) - g(x)) \, \mathrm{d}x = [F(x) - G(x)]|_a^b = (F(b) - G(b)) - (F(a) - G(a)).$$

Beispiel Bestimme den Flächeninhalt, der von den Funktionen

$$f(x) = -\frac{x^2}{12} + 5 \quad \text{und} \quad g(x) = \frac{x^2}{6} + 1$$

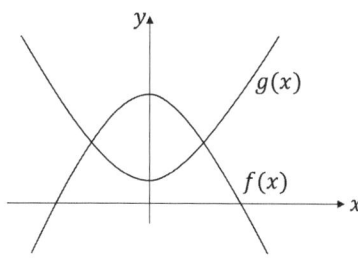

eingeschlossen wird. Hierfür benötigen wir zunächst die Schnittpunkte der beiden Funktionen.

Dazu setzen wir beide Funktionen gleich und erhalten

$$f(x) = g(x)$$
$$-\frac{x^2}{12} + 5 = \frac{x^2}{6} + 1$$
$$x_1 = -4 \, \wedge \, x_2 = 4$$

Nun haben wir alle Informationen um die Fläche zwischen den beiden Graphen durch folgendes Integral zu berechnen:

$$\int_{-4}^4 (f(x) - g(x)) \, \mathrm{d}x = \int_{-4}^4 -\frac{x^2}{12} + 5 - (\frac{x^2}{6} + 1) \, \mathrm{d}x = \int_{-4}^4 -\frac{x^2}{4} + 4 \, \mathrm{d}x$$

Zu beachten: Wenn sich zwei Graphen schneiden, wird ab dem Schnittpunkt aus der oberen Funktion die untere. Man würde nun einen negativen Flächeninhalt herausbekommen, also müssen Betragsstriche gesetzt werden.

Vorgehen:

1. Schnittstellen finden

2. Teilintegrale aufstellen und Betragsstriche setzen.

Dann weiter vorgehen wie in dem Beispiel zuvor.

12.5 Partielle Integration und Integration durch Substitution

Durch Umkehrung der Produkt- und Kettenregel lassen sich zwei Integrationsverfahren gewinnen, mit denen sich bisher nicht bestimmbare Stammfunktionen ermitteln lassen. Die **partielle Integration**, auch Produktintegration genannt, ist in der Integralrechnung eine Möglichkeit zur Berechnung bestimmter Integrale und zur Bestimmung von Stammfunktionen. Sie ist quasi das Gegenstück zur Produktregel beim Ableiten.

$$\int_a^b u(x) \cdot v'(x) \, \mathrm{d}x = [u(x) \cdot v(x)]_a^b - \int_a^b u'(x) \cdot v(x) \, \mathrm{d}x$$

Die partielle Integration wird stets bei einem Produkt zweier Funktionen angewendet, wobei von einem Faktor die Stammfunktion bekannt ist ($v'(x)$) und man die Hoffnung hat, dass durch die Ableitung des anderen Faktors ($u(x)$) das Integral einfacher wird. Warum heißt es eigentlich *partielle* Integration? Weil ein Teil des Ingetrals $[u(x) \cdot v(x)]_a^b$ gelöst wird und der andere Teil noch ein Integral $\int_a^b u'(x) \cdot v(x) \, \mathrm{d}x$ beinhaltet. Die Schwierigkeit ist es zu entscheiden, welcher Teil $u(x)$ ist und welcher $v'(x)$. Unter Umständen kann es nämlich sein, dass das Integral bei falscher Wahl nicht zu lösen ist. Die Frage die wir uns stellen müssen: Die Ableitung welches Faktors vereinfacht das Integral?

> **Allgemeines Vorgehen:**
>
> 1. Überlegung: Die Ableitung welchen Faktors vereinfacht das Integral? Danach $u(x)$ und $v'(x)$ festlegen.
>
> 2. Ableitung $u'(x)$ bestimmen.
>
> 3. Stammfunktion $v(x)$ bestimmen.
>
> 4. Ergebnisse in Formel einsetzen.

Beispiel Bestimme das Integral der Funktion $f(x) = x \cdot e^x$ in den Grenzen $[0; 2]$.

Zunächst schreiben wir auf, was wir machen sollen. Das Integral soll schließlich gebildet werden.

$$\int_0^2 (x \cdot e^x) \, \mathrm{d}x = ?$$

Doch an dieser Stelle kommen wir mit unseren einfachen Methoden zur Bildung der Stammfunktion nicht weiter. Die Funktion $f(x)$ ist nämlich ein Produkt der beiden Funktionen x und e^x. Wir wenden also die partielle Integration an, um die Aufgabe zu lösen. Dafür gehen wir die obigen Schritte aus dem Vorgehen ab. 1. Wir überlegen:

Die Ableitung welchen Faktors vereinfacht das Integral? Die Ableitung von x ist 1. Die Ableitung von e^x ist e^x. Da e^x auch einfach integrierbar ist folgt:

$$u(x) = x \longrightarrow u'(x) = 1 \quad \text{und} \quad v'(x) = e^x \longrightarrow v(x) = e^x$$

$$\Rightarrow \int_0^2 (x \cdot e^x) \ \mathrm{d}x = [x \cdot e^x]_0^2 - \int_0^2 (1 \cdot e^x) \ \mathrm{d}x = [x \cdot e^x]_0^2 - [e^x]_0^2 = e^2 + 1$$

Tipp: Wenn die Aufgabe nicht lösbar ist mit der Wahl von u und v', sollte man diese gegeneinander austauschen und erneut probieren. Manchmal hilft zweimaliges partielles Integrieren und Umsortieren. Generell werden Potenzen x^n oder Umkehrfunktionen wie $\ln(x)$ oder $\arcsin(x)$ durch Ableiten einfacher und Funktionen wie e^x oder $\sin(x)$ durch Integrieren nicht komplizierter.

Kommen wir zur **Integration durch Substitution**. Unter Substitution versteht man allgemein das Ersetzen eines Terms durch einen anderen. Und genau das tun wir hier um eine Integration durchzuführen. Durch Einführung einer neuen Integrationsvariablen wird ein Teil des Integranden ersetzt, um das Integral zu vereinfachen und so letztlich auf ein bekanntes oder einfacheres Integral zurückzuführen. Die Kettenregel aus der Differentialrechnung ist die Grundlage der Substitutionsregel.

$$\int_a^b f(u(x)) \cdot u'(x) \ \mathrm{d}x = \int_{u(a)}^{u(b)} f(u) \ \mathrm{d}u$$

In Anlehnung an die Kettenregel kann über Integration per Substitution gesagt werden, dass sie immer dort angewendet wird, wo ein Faktor im Integranden die Ableitung eines anderen Teils des Integranden ist; im Prinzip immer dort, wo man auch die Kettenregel anwenden würde. Ist die Ableitung ein konstanter Faktor, so kann dieser aus dem Integral faktorisiert werden.

Allgemeines Vorgehen:

1. Den zu substituierenden Term bestimmen, ableiten und nach $\mathrm{d}x$ umstellen.

2. Substitution durchführen.

3. Integral lösen.

4. Rücksubstitution durchführen.

Beispiel Bestimme das Integral der Funktion $f(x) = (x^2 - 4)^3 \cdot 2x$ im Intervall 4 und 5 und gebe die Menge aller Stammfunktionen an.

Wir schreiben zunächst das Integral auf, welches bestimmt werden soll:

$$\int_4^5 \underbrace{(x^2 - 4)^3}_{f(u(x))} \cdot \underbrace{2x}_{u'(x)} \mathrm{d}x$$

Wir erkennen eine Verkettung $(x^2 - 4)^3$ und stellen fest, dass wir diesen Teil nicht mit den bisher bekannten Methoden integrieren können. Zusätzlich erkennen wir, dass $2x$ die Ableitung der inneren Funktion $u(x) = x^2 - 4$ ist und das ist es, was wir wollen! Also ersetzen (substituieren) wir diesen Teil durch den Parameter u:

$$\text{mit } u = x^2 - 4 \text{ folgt}: \quad \int_4^5 u^3 \cdot 2x \; dx$$

Da nach u integriert werden soll, muss als nächstes dx ersetzt werden. Das schaffen wir, indem wir u nach x ableiten, nach dx umstellen und in das Integral einsetzen:

$$u' = \frac{du}{dx} = 2x \iff dx = \frac{du}{2x} \implies \int_4^5 u^3 \cdot 2x \; \frac{du}{2x}$$

Das $2x$ kürzt sich an dieser Stelle raus und der Integrand hängt nur noch von u ab. An dieser Stelle müssen wir noch die Integralgrenzen ersetzen mit $u(4) = 12$ und $u(5) = 21$ und können das Integral bestimmen:

$$\int_{12}^{21} u^3 \; du = \left[\frac{1}{4} u^4 \right]_{12}^{21} = 43.436,25 \; [\text{FE}]$$

Für die Stammfunktion müssen wir u rücksubstituieren: $F(x) = \frac{1}{4} \underbrace{(x^2 - 4)}_{=u}^4 + C$.

Weitere kurze Beispiele:

1)
$$\int_0^{2\pi} \sin(2x) \; dx \qquad u = 2x$$
innere Funktion, äußere Funktion

$$= \int_0^{2\pi} \sin(u) \; dx \qquad u' = 2 = \frac{du}{dx}$$

$$= \int_{u(0)=0}^{u(2\pi)=4\pi} \sin(u) \; \frac{du}{2} \qquad \iff dx = \frac{du}{2}$$
Grenzen ersetzen!

$$= \frac{1}{2} \int_0^{4\pi} \sin(u) \; du$$

$$= \frac{1}{2} [- \cos(u)]_0^{4\pi}$$

2)
$$\int_1^2 e^{3x} \; dx \qquad u = 3x$$
innere Funktion, äußere Funktion

$$= \int_1^2 e^u \; dx \qquad u' = 3 = \frac{du}{dx}$$

$$= \int_{u(1)=3}^{u(2)=6} e^u \; \frac{du}{3} \qquad \iff dx = \frac{du}{3}$$
Grenzen ersetzen!

$$= \frac{1}{3} \int_3^6 e^u \; du$$

$$= \frac{1}{3} [e^u]_3^6$$

Sonderfälle der Substitution:

- Lineare Substitution: $\int_a^b f(mx + n) \; dx = \frac{1}{m} [F(mx + n)]_a^b$

- Logarithmische Integration: $\int_a^b \frac{g'(x)}{g(x)} \; dx = [ln|g(x)|]_a^b$

12.6 Interpretation im Sachzusammenhang

Mit der Interpretation haben Schüler oft Schwierigkeiten, wenn im Graphen Geschwindigkeiten etc. gegeben sind, anstatt einer Menge. Schaut also zunächst auf die Achsen, welche Einheiten gegeben sind und lest den Aufgabentext genau durch.

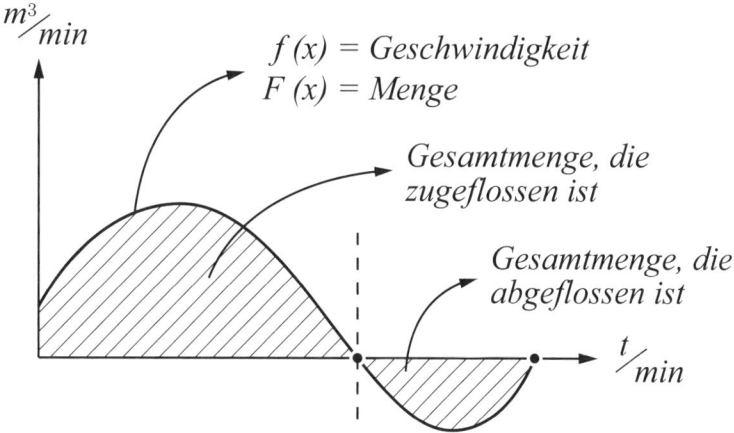

In diesem Fall beschreibt $f(x)$ die Zuflussgeschwindigkeit pro Minute. Dann fließt das Wasser

- bis zur Nullstelle zu, da der Graph dort im Positiven liegt.

- ab der Nullstelle ab, da der Graph im Negativen liegt.

12.7 Mittelwertsatz der Integralrechnung

Häufig ist eine Funktion gegeben, die den Wasserstand angibt oder die Geschwindigkeit des Wasserzuflusses! Wenn dann zum Beispiel nach der durchschnittlichen Höhe des Wasserstandes in einem bestimmten Zeitraum gefragt ist, bedient man sich oft am *Mittelwertsatz* der Integralrechnung:

$$\frac{1}{b-a} \int_a^b f(x) \, \mathrm{d}x = \frac{1}{b-a} [F(x)]_a^b = \frac{1}{b-a} (F(b) - F(a))$$

Der Mittelwertsatz gibt im Allgemeinen den Durchschnitt aller y-Werte an (achtet darauf, was die Funktion im Sachzusammenhang angibt). Beispiele:

$$\frac{1}{24-0} \int_0^{24} f(x) \, \mathrm{d}x$$

= durchschnittliche Höhe des Wasserstandes in 24 Std.

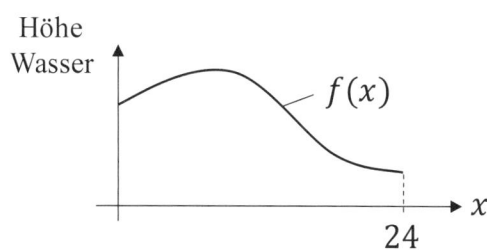

$$\frac{1}{24 - 0} \int_0^{24} f(x) \, \mathrm{d}x$$

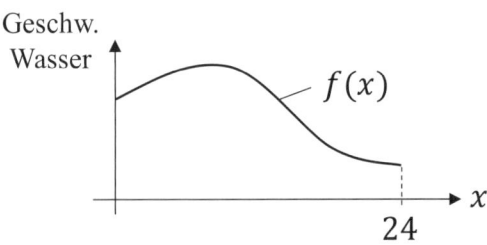

= durchschnittliche Zunahmegeschwindigkeit des Wassers in 24 Std.

12.8 Rotationskörper

Als Rotationskörper wird in der Geometrie ein Körper bezeichnet, z.B. Kugel, Kreiskegel oder Zylinder, der durch die Rotation einer Kurve um eine Achse entsteht. Dabei müssen Kurve und Rotationsachse in derselben Ebene liegen.

Um Oberfläche und Volumen eines Rotationskörpers zu berechnen, benötigt man nur die Funktionsvorschrift der Kurve. Man unterscheidet dabei den Rotationskörper um die x-Achse und der y-Achse.

> Volumenformel mit Integral für Rotationskörper
>
> $$\text{um die } x\text{-Achse:} \quad V = \pi \cdot \int_a^b \left(f(x)\right)^2 \, \mathrm{d}x$$
>
> $$\text{um die } y\text{-Achse:} \quad V = \pi \cdot \int_{f(a)}^{f(b)} \left(f^{-1}(x)\right)^2 \, \mathrm{d}x$$

Als typisches Beispiel möchten wir euch die Funktion $f(x) = \sqrt{x}$ in einem vordefinierten Intervall $x \in [0; 10]$ vorstellen. Die Graph der Funktion rotiert um die x-Achse und es entsteht ein Volumen - im Sachzusammenhang könnte es ein Sektglas darstellen.

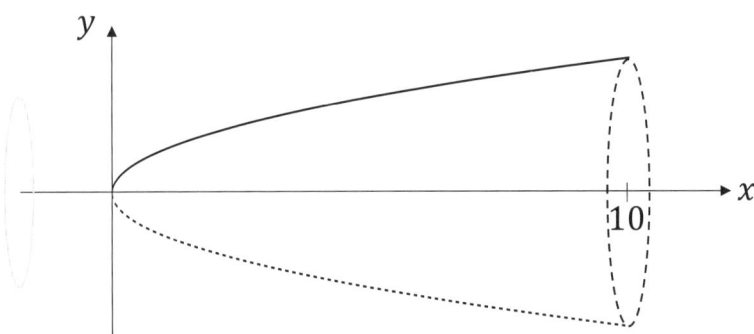

Mögliche Fragestellung: Wie groß ist das Volumen des Sektglases, wenn es voll bzw. halbvoll ist? Da eine Rotation um die x-Achse vorliegt, verwenden wir die enstprechende Formel von oben. Das volle Sektglas hat ein Volumen von

$$V_{\text{voll}} = \pi \cdot \int_0^{10} \left(\sqrt{x}\right)^2 \, \mathrm{d}x = \pi \cdot \int_0^{10} x \, \mathrm{d}x = \pi \left[\frac{x^2}{2}\right]_0^{10} = 50\pi$$

und das halbvolle ein Volumen von

$$V_{\text{halb}} = \pi \cdot \int_0^5 \left(\sqrt{x}\right)^2 \, \mathrm{d}x = \pi \cdot \int_0^5 x \, \mathrm{d}x = \pi \left[\frac{x^2}{2}\right]_0^5 = 12,5\pi.$$

12.9 Zusatz

Integralfunktion

Das Integral aus einer festen unteren Grenze a und einer variablen oberen Grenze x nennt sich Integralfunktion

$$\int_a^x f(t) \, \mathrm{d}t = F(x) - F(a),$$

wobei F die Stammfunktion von f ist.

Uneigentliches Integral

Es kann vorkommen, dass eine Grenze bestimmt ist (also vorgegeben, hier a) und eine Grenze unendlich ∞ ist. Wir sprechen dann von einem uneigentlichen Integral.

$$\int_a^\infty f(x) \, \mathrm{d}x$$

Um den Flächeninhalt zu bestimmen, arbeitet man wieder mit dem Grenzwertsatz lim. Im Unendlichen konvergiert die Funktion gegen einen Wert und wir können den Flächeninhalt bestimmen. **Beispiel**

$$\begin{aligned}
\int_0^\infty e^{-x} \, \mathrm{d}x &= \lim_{b \to +\infty} [-e^{-x}]_0^b \\
&= \lim_{b \to +\infty} [-e^{-b} - (-e^0)] \\
&= \lim_{b \to +\infty} [\underbrace{-e^{-b}}_{\to 0} + 1] = 1
\end{aligned}$$

Wenn b eine unendlich hohe Zahl annimmt, dann strebt e^{-b} gegen Null. Haltet euch dabei immer den Graph der e-Funktion vor Augen. e hoch was positives geht gegen plus Unendlich und e hoch was negatives geht gegen Null.

Notizen

13 Scharfunktionen ungefähr

Wenn man Berechnungen an und mit Kurvenscharen durchführen muss, dann ist das Erste, was meist gefragt wird: Was soll denn der Buchstabe da, der nicht x ist? Dieser Buchstabe heißt Parameter oder Formvariable. Und wenn wir jetzt eine Kurvendiskussion einer solchen Kurvenschar bzw. Funktionsschar durchführen, dann berechnen wir damit unendlich viele Kurvenuntersuchungen auf einmal, da wir im Nachhinein eine konkrete Zahl für unseren Parameter einsetzen können.

Ist die Funktion linear, spricht man auch von einer Geradenschar. Im Allgemeinen verändern die Parameter das Aussehen und die Form der Kurve auf eine Weise, die komplizierter als eine einfache lineare Transformation ist. In der folgenden Abbildung sind für zwei Scharfunktionen verschiedene Parameter eingesetzt worden.

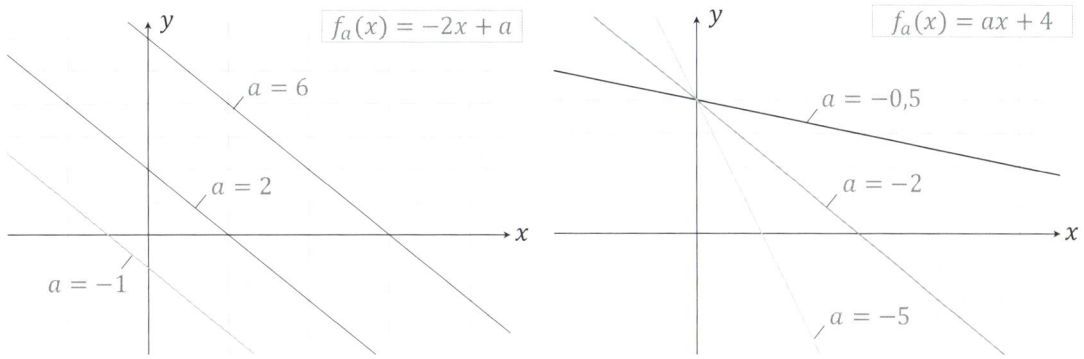

Beim Schreiben der Funktionsvorschrift wird der variable Parameter in den Index geschrieben, z.B.

$$f_a(x) = ax^2 - 2ax + 4a.$$

Beachtet: Der Parameter ist zu behandeln wie eine ganz gewöhnliche Zahl!

13.1 Fallunterscheidung

Eine Schwierigkeit taucht oft bei der Berechnung von Nullstellen auf. Vor allem wenn der Scharparameter in der Lösungsmenge auftaucht. In diesem Fall kommt die *Fallunterscheidung* zum Einsatz.

Warum müssen wir verschiedene Fälle betrachten? Ihr solltet immer im Hinterkopf haben, dass der Parameter verschiedene Werte annehmen kann. Nur Zahlen größer Null? Kann der Parameter Null oder sogar kleiner Null sein? Das sollte in der Regel im Aufgabentext vorgegeben sein. Gegeben sei die Scharfunktion

$$f_a(x) = (a-1)x^3 - 4ax$$

mit dem Parameter a. Wenn

1. $a > 0$ bzw. $a \in \mathbb{R}^+$: keine Fallunterscheidung nötig

2. $a \in \mathbb{R}$ oder $a \neq 0$: Parameter a kann auch negative Werte annehmen! Hier ist eine Fallunterscheidung nötig.

Größtenteils läuft die Berechnung von Kurvenscharen auf genau so etwas hinaus.

Beispiel Die Scharfunktion $f_a(x) = \frac{1}{x-a}$ ist gegeben. Wenn

1. $x = a$ ist, dann wäre die Funktion nicht definiert, da dann der Nenner gleich Null ist und wir nicht durch Null teilen dürfen.

2. $x > a$ oder $x < a$ ist, ist die Funktion definiert und wir können mit ihr arbeiten.

Auch bei der Berechnung von Extremstellen ist die Fallunterscheidung wichtig. Hier ein Beispiel bei der hinreichenden Bedingung von Extrema:

- $f_a''(...) = 20a > 0$, wenn $a > 0$ TP

- $f_a''(...) = 20a < 0$, wenn $a < 0$ HP

- $f_a''(...) = 20a = 0$, wenn $a = 0$ SP

13.2 Ableiten und Integrieren mit Parameter

Merke: Der Parameter wird beim Ableiten und Integrieren behandelt wie eine ganz normale Zahl!

$f_a(x)$	$f_a'(x)$		$f_a(x)$	$F_a(x)$
$2a$	0		a	ax
a^2	0		a^2	$a^2 x$
$a^2 x$	a^2		$a^2 x$	$\frac{a^2}{2}x^2$
$(a-1)x$	$a-1$		ax^2	$\frac{a}{3}x^3$
$3a^2 x^3$	$9a^2 x^2$		$a^2 x^4 - ax + a^3$	$\frac{a^2}{5}x^5 - \frac{a}{2}x^2 + a^3 x$
$ax^4 - 4ax + a^3$	$4ax^3 - 4a$		$a(x^3 - a)$	$a(\frac{1}{4}x^4 - ax)$

13.3 Ortskurve

Als Ortskurve bezeichnet man eine Kurve, auf der alle Punkte einer gegebenen Funktionsschar liegen, die eine bestimmte Eigenschaft erfüllen. In einer Kurvendiskussion werden häufig die Ortskurven von Extrempunkten oder Wendepunkten der Graphen einer Funktionenschar gesucht.

Zur Berechnung der Ortskurve werden zunächst die Koordinaten der betreffenden Punkte (z.B. aller Tiefpunkte einer Funktionsschar) in Abhängigkeit vom jeweiligen Parameter (z.B. a oder k) bestimmt.

Vorgehen:

1. allgemeine Punkte $P(x|y)$ mit bestimmter Eigenschaft, z.B. Extrem- oder Wendepunkte, in Abhängigkeit vom Parameter bestimmen

2. x-Wert nach Parameter umstellen und in y-Wert einsetzen

3. y-Wert ist die Ortskurve

Beispiel Gegeben sei die Funktionsschar $f_a(x) = x^2 - ax$, $a \in \mathbb{R}$.

Bestimme die Ortskurve, auf der alle Extrempunkte der Funktion liegen.

Als erstes bestimmen wir die Extrempunkte in Abhängigkeit von a:

$$f_a'(x) = 2x - a = 0 \Rightarrow x = \frac{a}{2}$$

Es handelt sich um einen Tiefpunkt, da $f_a''(x) = 2 > 0$ ist. Alle Tiefpunkte der Funktionsschar liegen bei $T(\frac{a}{2}|-\frac{a^2}{4})$. Um die Ortskurve zu erhalten, müssen wir die x-Koordinate des allgemeinen Tiefpunktes nach dem Parameter umstellen. Es folgt:

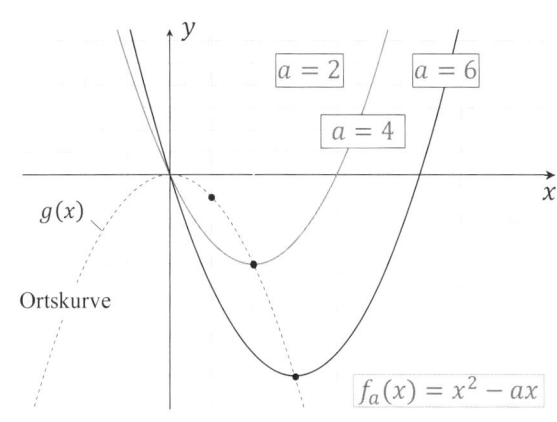

$$x = \frac{a}{2} \Leftrightarrow \boxed{a = 2x}$$

$$T(x \mid g(x)) = T\left(\frac{a}{2} \mid -\frac{a^2}{4}\right) = T\left(\frac{2x}{2} \mid -\frac{(2x)^2}{4}\right) = T(x \mid -x^2)$$

$$g(x) =$$

Ortskurve

Damit lautet die Ortskurve $g(x) = -x^2$, die alle Tiefpunkte der Funktionenschar verbindet.

Notizen

14 Rationale Funktionen (Bruchfunktion)

Bei rationalen Funktionen sind häufig Bruchgleichungen zu lösen. Gemeint sind Gleichungen der Form

$$f(x) = \frac{ax^2 + bx + c}{dx + e} = \frac{\text{Zähler}(x)}{\text{Nenner}(x)}.$$

Es handelt sich also um Brüche (Quotienten) von zwei ganzrationalen Funktionen (Polynomen). Hierbei sollte zunächst immer die Definitionsbereich $\mathbb{D}$ bestimmt werden, da nicht durch Null geteilt werden darf. Wenn nichts anderes vorgegeben ist, können wir zunächst alle reellen Zahlen $\mathbb{R}$ einsetzen.

14.1 Untersuchung rationaler Funktionen

Die Untersuchung von gebrochenrationalen Funktionen erfolgt im Prinzip wie bei den ganzrationalen Funktionen. Doch haben gebrochenrationale Funktionen häufig Definitionslücken, an denen ihr Graph oft eine senkrechte Asymptote besitzt.

Basics

- Die Untersuchung der Nullstellen des Nenners von $f(x)$ liefert den maximalen Definitionsbereich.

- An den Definitionslücken liegt dann ein **Pol** vor, wenn die Nullstelle des Nenners keine Nullstelle des Zählers ist. Der Graph hat an den Polen **senkrechte Asymptoten**. Eine Asymptote ist eine Funktion, die sich einer anderen Funktion im Unendlichen annähert. In anderen Worten: Bei Asymptoten handelt es sich um sogenannte Definitionslücken, da wir, egal welcher Wert in die Funktion eingesetzt wird, den entsprechenden Wert der Asymptote nicht herausbekommen werden.

- Man untersucht die Funktionswerte $f(x)$ in der Umgebung eines Pols x_0, um zu erkennen, ob $f(x) \to +\infty$ oder $f(x) \to -\infty$ für $x \to x_0$ gilt. Dabei muss man sich dem Pol von rechts und links annähern.

Das Verhalten für $x \to \pm\infty$ wird durch den Grad m des Polynoms im Zähler (also auf dem Bruch) und den Grad n des Polynoms im Nenner (also unter dem Bruch) bestimmt.

Es gilt :

- Ist $m < n$, so strebt $f(x) \to 0$ und die x-Achse ist die **waagerechte Asymptote** des Graphen K.

- Ist $m = n$, so strebt $f(x) \to c$, wobei c der Quotient der Koeffizienten der höchsten Potenzen von x im Zähler und Nenner ist. Die Gerade mit der Gleichung $y = c$ ist die **waagerechte Asymptote** von K. Da es sich um eine waagerechte Asymptote handeln soll, heißt das, dass die Asymptote bzw. die gesuchte Gerade einen waagerechten Verlauf haben soll, das heißt parallel zur x-Achse verlaufen muss, um als eine waagerechte Asymptote aufgefasst zu werden.

- Ist $m = n + 1$, so hat K eine **schiefe Asymptote**, deren Gleichung durch Polynomdivision ermittelt wird.

- Ist $m > n + 1$, so hat K eine **Näherungskurve vom Grad m-n**, deren Gleichung durch Polynomdivision ermittelt wird.

14.2 Tipps zum Umgang mit rationalen Funktionen

Beim Verlauf gebrochenrationaler Funktionen gibt es viel mehr Variationen als bei ganzrationalen Funktionen. Auch euer Taschenrechner hilft hier nur dann weiter, wenn man bereits etwas über den Verlauf ahnt.

- Ist der Grad des Polynoms im Zähler größer als der Grad des Polynoms im Nenner, so wird der Funktionsterm $f(x)$ durch Polynomdivision umgeformt. Am umgeformten Funktionsterm erkennt man unmittelbar eine Gleichung der schiefen Asymptote oder des Graphen einer ganzrationalen Näherungsfunktion.

- Man sollte sich überlegen, ob sich für $x \to \pm\infty$ ein Graph an eine Asymptote oder Näherungskurve von oben oder von unten annähert.

- Das Ableiten von $f(x)$ ist nach der Polynomdivision meist einfacher.

- Bei $f(x) = \frac{ax+b}{cx+d}$ sind praktisch immer die Asymptoten parallel zu den Koordinatenachsen.

- Der Graph K von f ist

  - **achsensymmetrisch** zur Geraden mit der Gleichung $x = c$, wenn gilt $f(c + x) = f(c - x)$.

  - **punktsymmetrisch** zum Punkt $Z(c|d)$, wenn gilt $\frac{1}{2}(f(c + x) + f(c - x)) = d$.

15 Trigonometrische Funktionen

Sinusfunktion

Wichtige Eigenschaften der Sinusfunktion $f(x) = \sin(x)$:

- periodische Funktion mit Periode 2π, d.h. dass der Graph der Sinusfunktion sich nach jeder Periode wiederholt.

- Definitionsbereich $D = \mathbb{R}$

- $W = [-1; 1]$

- schneidet die y-Achse bei $(0|0)$

- punktsymmetrisch zum Ursprung

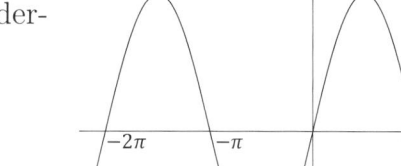

Die allgemeine Sinusfunktion lautet: $f(x) = a\sin(bx + c) + d$

Cosinusfunktion

Wichtige Eigenschaften der Cosinusfunktion $f(x) = \cos(x)$:

- periodische Funktion mit Periode 2π, d.h. dass der Graph der Cosinusfunktion sich nach jeder Periode wiederholt.

- Definitionsbereich $D = \mathbb{R}$

- $W = [-1; 1]$

- schneidet die y-Achse bei $(0|1)$

- achsensymmetrisch zur y-Achse

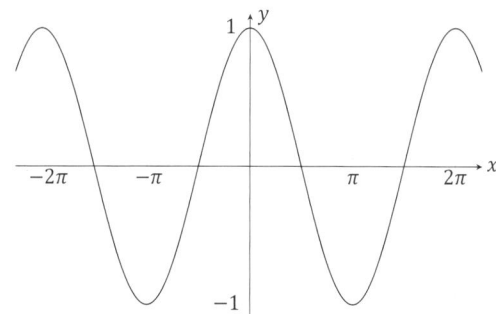

Die allgemeine Cosinusfunktion lautet: $f(x) = a\cos(bx + c) + d$

Tangensfunktion

Wichtige Eigenschaften der Tangensfunktion $f(x) = \tan(x)$:

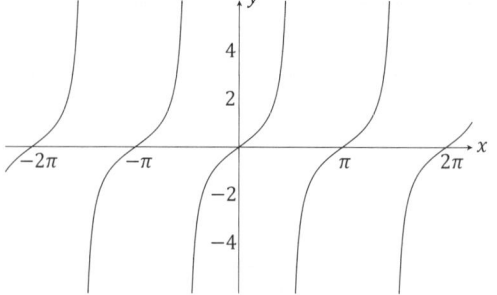

- die Tangensfunktion wiederholt sich in regelmäßigen Abständen, deswegen nennt man die Tangensfunktion auch periodisch

- Der Abstand zwischen zwei Wiederholungen nennt man die kleinste Periode T.

- $W = \mathbb{R}$

- Eine weitere Eigenschaft der Tangensfunktion ist, dass ihr Graph punktsymmetrisch zum Ursprung $(0|0)$ ist

Ableiten von sin, cos und tan

Hier eine Übersicht über die Ableitungen der Sinus- und Cosinusfunktion:

$$f(x) = \sin(x) \quad \Rightarrow \quad f'(x) = \cos(x)$$
$$f(x) = \cos(x) \quad \Rightarrow \quad f'(x) = -\sin(x)$$
$$f(x) = -\sin(x) \quad \Rightarrow \quad f'(x) = -\cos(x)$$
$$f(x) = -\cos(x) \quad \Rightarrow \quad f'(x) = \sin(x)$$

Die Ableitung des Tangens ist ein wenig schwieriger:

$$f(x) = \tan(x) = \quad \Rightarrow \quad f'(x) = \frac{1}{\cos^2(x)} = 1 + \tan^2(x)$$

Der Tangens kann auch mit der Quotientenregel abgeleitet werden, wenn man weiß, dass der Tangens mit Sinus und Cosinus zu

$$f(x) = \tan(x) = \frac{\sin(x)}{\cos(x)}$$

umgeschrieben werden kann. Dann folgt für die Ableitung

$$f'(x) = \frac{\cos^2(x) + \sin^2(x)}{\cos^2(x)} = \frac{1}{\cos^2(x)}$$

mit $\cos^2(x) + \sin^2(x) = 1$.

16 Specials

Geraden in besonderer Lage

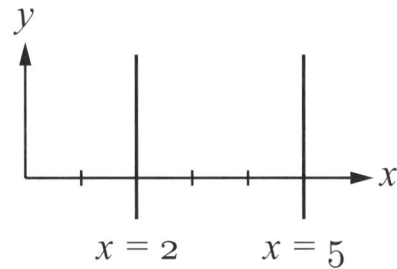

Abb. 16.1: Parallelen zur y-Achse.

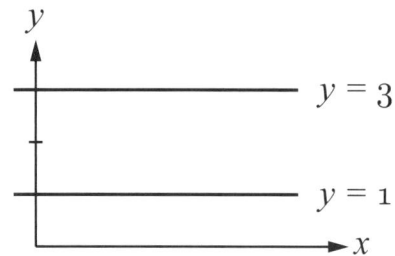

Abb. 16.2: Parallelen zur x-Achse.

Mehrfache Nullstellen

Doppelte Nullstelle

$$0 = \frac{1}{12}x^4 - \frac{3}{2}x^2$$

$$0 = x^2(\frac{1}{12}x^2 - \frac{3}{2})$$

$$x^2 = 0 \ \vee \ \frac{1}{12}x^2 - \frac{3}{2} = 0$$

Bei 0 ist eine doppelte Nullstelle.

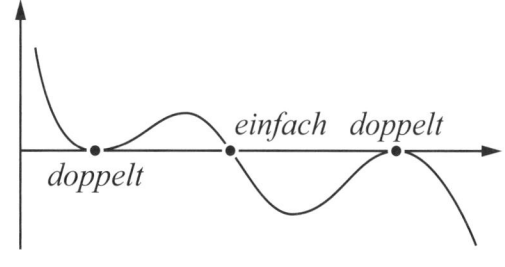

Dreifache Nullstelle (selten bis nie)

$$f(x) = (x + 4)^3(x - 1)$$

Bei -4 ist somit eine dreifache Nullstelle.

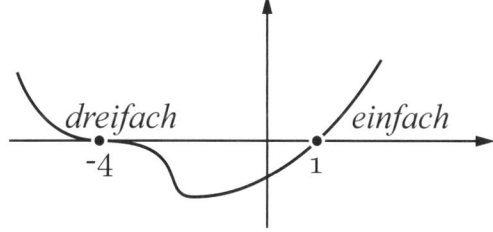

Stückweise definierte Funktion

In der Mathematik ist eine abschnittsweise definierte Funktion eine Funktion, die mehrere Unter-Funktionen hat, und jede ist gültig für bestimmte Werte für x! Wir betrachten die Funktion

$$g(x) = \begin{cases} f(x) & \text{für } 0 \leq x \leq 2 \\ h(x) & \text{für } x > 2 \end{cases}$$

Das bedeutet, dass für x-Werte zwischen 0 und 2 die Funktion $f(x)$ den Verlauf von $g(x)$ beschreibt. Für x-Werte größer 2, wird die Funktion $g(x)$ durch $h(x)$ beschrieben.

Abstand von zwei Punkten

Eine allgemeine Formel, die den Abstand von zwei Punkten berechnet, lautet:

$$d = \sqrt{(x_1 - x_2)^2 + (y_1 - y_2)^2}$$

Beispiel Berechne den Abstand der Punkte $P_1(1|2)$; $Q(3|10)$

$$d = \sqrt{(1-3)^2 + (2-10)^2}$$
$$d = 8,25 \text{ [LE]}$$

Senkrechter Abstand

Für den senkrechten Abstand zweier Funktionen bildet man die Differenzenfunktion

$$d(x) = g(x) - f(x).$$

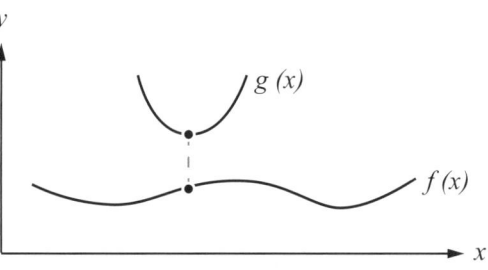

Den Abstand muss man häufig bei Extremwertaufgaben oder bei der Fläche zwischen 2 Graphen bestimmen.

Dabei beschreibt $d(x)$ die Zielfunktion, die die Differenz der beiden Funktionen f und g, also den senkrechten Abstand angibt. Diese Funktion muss auf Extremstellen untersucht werden. Wenn ein Hochpunkt rauskommt ist der senkrechte Abstand maximal und wenn ein Tiefpunkt rauskommt ist der senkrechte Abstand minimal.

Winkel zwischen einer Geraden und x-Achse

Der Steigungswinkel einer Geraden ist derjenige im mathematisch positiven Sinn (gegen den Uhrzeigersinn) gemessene Winkel α, den die Gerade mit der positiven x-Achse einschließt. Der Tangens des Steigungswinkels einer Geraden ist für $\alpha \neq 90$ gleich ihrer Steigung m:

$$\tan(\alpha) = m$$

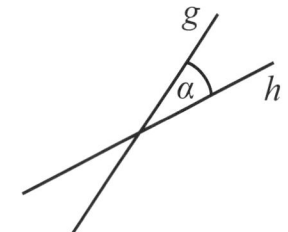

Winkel zwischen 2 Geraden

Der Schnittwinkel α zwischen den Graphen zweier linearer Funktionen mit den Steigungen m_1 bzw. m_2 berechnet sich mittels

$$\tan(\alpha) = \left| \frac{m_1 - m_2}{1 + m_1 m_2} \right|.$$

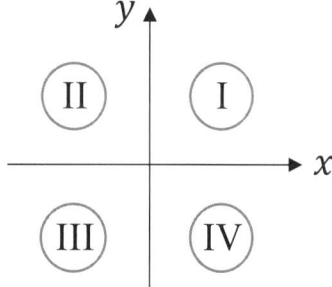

Stehen die Geraden senkrecht zueinander, gilt: $m_1 \cdot m_2 = -1$.
Achtung bei kurvigem Verlauf zweier Funktionen: dann erst Steigungen an gefragter Stelle bestimmen und diese dann multiplizieren!

Quadranten

Dadurch, dass die beiden Koordinatenachsen sich schneiden, entstehen vier voneinander getrennte Abschnitte in der Ebene. Sie werden als Quadranten bezeichnet.

Der 1. Quadrant liegt oben rechts. Die anderen Quadranten werden gegen den Uhrzeigersinn durchnummeriert.

Notizen